Theorie der Gärung.

Ein Beitrag

zur

Molekularphysiologie

von

C. v. Nägeli

Professor in München.

München.
Druck und Verlag von R. Oldenbourg.
1879.

Inhaltsübersicht.

Gärung und Fäulniss (faulige Gärung) sind dadurch ausgezeichnet, dass bei Anwesenheit von gewissen lebenden Zellen (Hefenpilzen) grössere oder geringere Mengen von zusammengesetzten Verbindungen gespalten werden, ohne dass die sich zersetzende Substanz materiell zur Ernährung jener Zellen beiträgt. Es ist begreiflich, dass man von jeher versucht hat, diesen Process nach allgemeinen chemischen und physiologischen Vorstellungen sich zurecht zu legen. Wir haben vorzüglich drei Erklärungsversuche zu unterscheiden: 1. die Zersetzungstheorie Liebig's, 2. die Fermenttheorie der Gärungs-Chemiker, 3. die Sauerstoffentziehungstheorie Pasteur's.

Nach Liebig ist alle Gärung eine molekulare Bewegung, die ein in chemischer Bewegung d. h. in Zersetzung begriffener Körper auf andere Stoffe überträgt, deren Elemente nicht sehr fest zusammenhängen. Gärung (im engeren Sinne) und Fäulniss sollten nach demselben darin verschieden sein, dass bei der letzteren die Zersetzung durch das sich zersetzende Fäulnissmaterial (die Albuminate) selbst übertragen werde, so dass die begonnene Fäulniss durch eigene Bewegung fortdaure, nachdem die Ursache, welche den Anstoss gab, unwirksam geworden. Bei der Gärung dagegen vermöge der in Zersetzung begriffene Körper (der Zucker) nicht seine Bewegung zu übertragen; es müsse dies durch eine fremde Ursache geschehen, durch ein Ferment, welches somit nicht bloss zur ·Einleitung, sondern auch zur Unterhaltung der Bewegung nothwendig sei. Diese Definition von Gärung und Fäulniss machte die Theorie Liebig's ausserordentlich anschaulich.

Zunächst ist nun zu erwähnen, dass gerade diese Unterscheidung unhaltbar war seit den wissenschaftlichen Versuchen von Schwann (1837) und Helmholtz (1843), welche bewiesen, dass Gärung und Fäulniss durch lebende Organismen bewirkt werden, und seit dem Bekanntwerden von Appert's praktischem Konservirungsverfahren, nach welchem organische Substanzen, die der Gärung oder der Fäulniss fähig waren, durch Tödtung der Organismen und ihrer Keime haltbar gemacht wurden. Diese Thatsachen erlauben uns nicht, Gärung und Fäulniss als ihrem Wesen nach verschiedene Vorgänge zu betrachten.

Liebig[1]) legte bei dem letzten Versuche, den er machte, seine Theorie mit den Fortschritten der Wissenschaft in Uebereinstimmung zu bringen, grosses Gewicht auf die Erscheinungen, welche bei der von Pasteur entdeckten Selbstgärung der Bierhefe zu beobachten sein sollen. In ausgewaschener Hefe trete bei 30 bis 35° C. eine wahre, beinahe stürmische Gärung ein, indem sich Kohlensäure und 8 bis 13,8% Alkohol von dem Trockengewicht der Hefe bilden; der Alkohol betrage bis auf 120% von derjenigen Menge, welche aus der ganzen Cellulosemenge der Hefe entstehen könnte. Daraus wird der Schluss gezogen, dass in den Zellen ein in Zersetzung befindlicher Körper enthalten sei, welcher Zucker für die Selbstgärung liefere, und hierin eine Stütze für die Zersetzungstheorie gefunden.

Die Richtigstellung der Thatsachen führt indessen zu einem anderen Ergebniss. Wenn die Versuche in der Weise angestellt werden, wie es von Liebig geschehen ist, so können die Spaltpilze nicht ausgeschlossen werden und man erhält das Produkt der Thätigkeit zweier verschiedener Hefenarten[2]). Ferner ist in

---

[1]) Sitzungsberichte der kgl. bayer. Akad. d. W. 1869, II, 323.

[2]) Zunächst bemerke ich, dass ich unter Hefe überhaupt die sog. geformten Fermente verstehe und dass ich die verschiedenen Hefenarten oder Hefenpilze als Sprosshefe (Wein- und Bierhefe) und als Spalthefe (Fäulnisshefe, Milchsäurehefe u. s. w.) unterscheide.

Ich habe die der Selbstgärung überlassene Bierhefe bei den Liebig'schen

seiner Berechnung der Cellulosegehalt viel zu gering angenommen; er beträgt für Münchner Bierhefe nicht 18,7 sondern 37% oder mehr, wie ich in der Mittheilung vom 4. Mai 1878 an die kgl bayer Akad. d. W. nachgewiesen habe, so dass der ganze Alkoholgehalt bei der Selbstgärung aus einem Theil der Cellulose abgeleitet werden kann. Die andere in der nämlichen Mittheilung nachgewiesene Thatsache, dass die Sprosshefezellen einen beträchtlichen Theil ihrer Cellulose als Pflanzenschleim in die Flüssigkeit austreten lassen, giebt uns nun den Schlüssel zur Erklärung der sogenannten Selbstgärung. Die in der Flüssigkeit befindlichen Spaltpilze verwandeln diesen Pilzschleim mit Leichtigkeit durch das von ihnen ausgeschiedene Ferment in Traubenzucker, eine Fähigkeit, die der Sprosshefe gänzlich mangelt; sie vermögen selbst die noch unveränderte Membran der Sprosspilze anzugreifen. Der von den Spaltpilzen gebildete Zucker wird von den Sprosspilzen, die ihrerseits eine viel energischere Gärtüchtigkeit besitzen, in Alkohol und Kohlensäure gespalten.

Um diese Frage durch thatsächliche Beobachtungen aufzuklären, stellte Dr. Walter Nägeli im Frühjahr 1875 einige Versuche an. Für vier Proben (1, A, B, C und D) wurde Bierhefe angewendet, welche nach mehrmaligem Auswaschen sich unter dem Mikroskop als ganz rein

---

Versuchen einige Male mikroskopisch untersucht, und Liebig führt meinen Befund wörtlich an. Er glaubte aber meine Bemerkung, dass reichliche Fäulnisspilze unter den Bierhefezellen sich befänden, als unerheblich weglassen zu können. Auch bei anderen Hefenversuchen, die Liebig in den Jahren 1868 und 1869 anstellte, konstatirte ich eine oft sehr reichliche Verunreinigung mit Spaltpilzen und empfahl zur Verhütung derselben, wiewohl umsonst, eine starke Ansäuerung der Versuchsflüssigkeit. Dieser Umstand ist bei der Beurtheilung jener Versuche immer zu berücksichtigen.

Auch die Angabe meines Befundes über die Beschaffenheit der Membran bedarf einer Erläuterung. An jungen Zellen kann die Membran von dem anliegenden homogenen Plasma nicht unterschieden werden. An den älteren körnig gewordenen Zellen erscheint eine deutliche derbe Wandung, welche aus der Membran und anliegendem Protoplasma besteht, woraus aber nicht hervorgeht, dass die Cellulosemembran während der Selbstgärung zugenommen habe oder auch nur gleichgeblieben sei.

und spaltpilzfrei erwies. Zu dem Hefenbrei, welcher 3,57 %. Trockensubstanz (bei 100° getrocknet) enthielt, wurde 1%. Phosphorsäure (P_2O_5)
zugesetzt, um die Spaltpilzbildung vollständig zu verhindern. A und B
sollten zur Bestimmung der während der Versuchsdauer entwickelten
Kohlensäure, C und D zur Bestimmung des gebildeten Alkohols dienen.
In A und C war die Hefe vor dem Zutritt der Luft geschützt, in B
und D war sie einer ausgiebigen Einwirkung von Luft ausgesetzt. Die
Temperatur (vom 11. Januar an) war die des geheizten Zimmers.

1, A. Kleines Kölbchen ganz gefüllt mit 95 ccm von dem angesäuerten Hefenbrei. Das aus demselben entweichende Gas ging zuerst
durch ein Gefäss mit Schwefelsäure und ein mit Chlorcalcium gefülltes
Röhrchen zur Reinigung der Kohlensäure, dann durch zwei Liebig-
sche Kugelapparate mit Kalilauge und ein Kaliröhrchen zur Gewichts-
bestimmung und endlich durch ein zweites Kaliröhrchen zur Abhaltung
der Kohlensäure aus der Luft. Nach 9 Tagen wurde der Versuch
unterbrochen und die noch in dem Kölbchen enthaltene Kohlensäure
vermittelst Erwärmens und Luftdurchsaugens in den Kaliapparaten fixirt.
Im Ganzen hatte sich aus den 3,4 g Hefe (Trockengewicht) 0,125 g
CO_2 entwickelt.

1, B. Kolben von 1100 ccm Inhalt mit der nämlichen Menge des
angesäuerten Hefenbreis wie in A. Durch die den Boden bedeckende
Hefe wurde fortwährend Luft durchgesaugt, welche durch Schwefelsäure und Kali gereinigt war, und die heraustretende Luft durch Kali-
apparate geleitet wie bei A. Ueberdem wurde der Kolben täglich
öfters geschüttelt, um die Hefe gleichmässig mit Luft in Berührung zu
bringen. Nach 9 Tagen betrug das Gewicht der von den 3,4 g Hefe
entwickelten Kohlensäure 0,205 g.

1, C. Kleiner Kolben ganz gefüllt mit 350 ccm des angesäuerten
Hefenbreis (= 12,5 Trockensubstanz Hefe), mit Kautschukpfropf und
Gärröhre, in welcher der Abschluss durch Quecksilber gebildet wurde,
verschlossen. Nach 36 Tagen war keine bestimmbare Menge von
Alkohol gebildet.

1, D. Grosser Kolben von 3250 ccm Inhalt mit 350 ccm Hefenbrei
(wie in C), mit Kork verschlossen. Der Kolben wurde öfter geschüttelt.
Auch hier waren nach 36 Tagen nur Spuren von Alkohol vorhanden.

In allen vier Proben war nach Beendigung des Versuchs keine Spur
von Spaltpilzen unter dem Mikroskop zu entdecken. Das Destillat von
C und D war ein eigenthümlich riechendes Wasser, von schwach saurer

Reaction, ohne bemerkbaren sauren Geschmack. — Die Vergleichung von A, B mit C, D zeigt, dass das Verhältniss zwischen Kohlensäure- und Alkoholbildung jedenfalls ein anderes ist als bei der geistigen Gärung, indem der Alkohol in viel geringerer relativer Menge erzeugt wurde. Es ist dies ein Umstand, der mit der Selbstgärung anderer Pflanzenzellen übereinstimmt.

Ganz das gleiche Resultat ergab ein später mit 9 l eines verdünnteren Hefenbreis angestellter Versuch, über den in der Mittheilung vom 4. Mai 1878 an die kgl. bayer. Akad. d. W. berichtet wurde. Der Hefenbrei enthielt 5,78 % Trockensubstanz und war mit 1 % Phosphorsäure versetzt. Nach 13 Monaten war bloss eine sehr geringe (nicht bestimmbare) Menge von Alkohol vorhanden.

Zwei Proben (2, A und B) wurden am 19. Februar 1875 mit Bierhefenbrei, welcher 3,58 % Trockensubstanz enthielt, ohne und mit Citronensäure im Brütkasten bei mittlerer Temperatur von 40° C. (38—41°) angestellt.

2, A. Kleine Flasche mit 150 ccm Hefenbrei; am ersten Tag wurde ziemliche Gasentwicklung beobachtet. Nach 50 Stunden waren zahlreiche Spaltpilze zwischen den Hefenzellen sichtbar; eine Partie des stark trüben Inhaltes in einem Proberöhrchen zum Kochen erhitzt liess keinen Geruch nach Alkohol wahrnehmen[1]). — 6 Tage nach dem Beginn des Versuches war der Inhalt des Kolbens in starker Fäulniss begriffen; die Flüssigkeit reagirte schwach sauer (von Milch- und Buttersäure, welche durch die Spaltpilze aus dem Pilzschleim der Bierhefe gebildet worden). Die Sprosshefezellen waren gänzlich abgestorben und zum Theil schwarz gefärbt (Inhalt und Membran). Alkohol liess sich nicht nachweisen.

2, B. Gleicher Versuch wie in A, aber die 150 ccm Hefenbrei waren mit 0,75 g Citronensäure (also mit 0,5 %) versetzt. Am ersten Tage ziemliche Gasentwicklung wie in A. Nach 50 Stunden waren nur wenige Spaltpilze zu finden; beim Erwärmen einer Partie der klaren über der Hefe stehenden Flüssigkeit konnte kein Alkoholgeruch wahrgenommen werden. 6 Tage nach dem Beginn des Versuches war die Oberfläche mit fruktificirender Schimmeldecke überzogen, und in

---

[1]) Ich bemerke, dass diese Probe bei den Lie big'schen Versuchen den Alkohol sehr deutlich anzeigte.

der Flüssigkeit, in welcher ein Theil der Citronensäure durch den
Schimmel verzehrt war, befanden sich schon ziemlich zahlreiche und
grosse Spaltpilze. Alkohol war nicht zu bemerken.

Der gleiche Versuch wurde am 26. Februar 1875 in etwas grösserem Massstabe (3, A, B, C, D) wiederholt. Der Hefenbrei enthielt
4,91 °/o Trockensubstanz. Enghalsige, mit Papier bedeckte Flaschen
wurden damit ungefähr zu drei Viertel gefüllt und in den auf 40° C.
(38—41°) erwärmten Brütkasten gestellt.

3, A, B. Zwei Flaschen je mit 450 ccm Hefenbrei, ohne weiteren
Zusatz. 25½ Stunden nach dem Beginn (24 Stunden nach dem
Warmwerden) wurde der Inhalt der beiden Gläser in einen Kolben
gegeben, dieser mit Kühler verbunden und auf dem Wasserbade
erhitzt. Während 3 Stunden ging kein Alkohol über. Zwischen den
abgestorbenen Hefenzellen befanden sich sehr zahlreiche stäbchenförmige
Spaltpilze. Die Flüssigkeit reagirte auch nach dem Kochen sauer
(Milchsäure).

3, C, D. Zwei gleiche Versuche wie 3, A, B; aber zu den
450 ccm Hefenbrei wurden 2,5 g Citronensäure (also 0,55 °/o) gegeben.
25½ Stunden nach dem Beginn wurde der Versuch unterbrochen und
der Inhalt wie in A, B behandelt. Der Erfolg war der nämliche.
Spaltpilze mangelten gänzlich.

Da möglicherweise die Temperatur in den beiden Versuchen 2
und 3 etwas zu hoch für die Alkoholbildung war, so wurde am 13. März
noch ein solcher (4, A, B, C, D, E, F) mit der günstigsten Temperatur
von ziemlich konstant 34° C. im Brütkasten angestellt. Je 500 ccm Bierhefenbrei mit 3,09 °/o Trockengewicht wurden in sechs enghalsige, leicht
verkorkte Flaschen gegeben, so dass dieselben beinahe gefüllt waren.
Die Hefe war durch wiederholtes Auswaschen fast ganz spaltpilzfrei gemacht worden.

4, A, B. Zwei Flaschen mit je 500 ccm Hefenbrei ohne weiteren
Zusatz. 37½ Stunden nach dem Beginn des Versuches (36 Stunden
nach dem Warmwerden) wurde der Inhalt der beiden Flaschen in eine
grosse Retorte gebracht, mit Kühler verbunden und auf dem Wasserbad
erwärmt. Es ging fast bloss Wasser über; wenigstens konnte in
dem (schwach sauer reagirenden) Destillat weder durch ein gewöhn-
liches Aräometer, welches ein spec. Gewicht von 1 angab, noch durch
den Geschmack, noch durch Erhitzen in einem Proberöhrchen Alkohol

nachgewiesen werden, während die Jodoformreaktion allerdings denselben anzeigte. Spaltpilze hatten sich nur wenige gebildet.

4, C, D. Zwei Flaschen ganz gleich wie A, B, aber mit je 2,5 g
Citronensäure (also mit 0,5 %). Sie wurden gleichzeitig mit A, B
in den Brütkasten gestellt und wieder herausgenommen, der Inhalt
ebenfalls ganz gleich behandelt. Das Resultat war vollkommen das
gleiche. Spaltpilze hatten sich keine gebildet.

4, E, F. Zwei Flaschen ganz wie C. D, also mit 0,5 % Citronensäure. Sie blieben aber 6 Tage länger, im Ganzen während 7½ Tagen,
im Brütkasten, und hatten nun beide Decken von Spaltpilzen. Der
vereinigte Inhalt wurde wiederholt abdestillirt. Das schliessliche Destillat
liess mit den gewöhnlichen Mitteln keinen Alkohol erkennen. Ein ge-
wöhnliches Aräometer gab ein spec. Gewicht von 1; ein sehr genaues
Aräometer dagegen zeigte in dem 65 ccm haltenden Destillat ein spec.
Gewicht von 0,999, also einen Gehalt von 0,5 % Alkohol. Wir können daher mit Bestimmtheit annehmen, dass die Hefe von E und
F mit 30,9 g Trockengewicht nicht mehr als 0,5 g Alkohol gebildet
hat (in dem Destillat befand sich jedenfalls weitaus die grösste Menge
des Alkohols; könnte man voraussetzen, dass aller darin enthalten war,
so wären es nur 0,325 g).

Die angeführten Versuche ergaben alle ein wesentlich anderes Resultat als die von Liebig mitgetheilten fünf Versuche,
bei welchen der Alkohol durch Destillation gewonnen wurde und
von 8 bis 13,8 % des Trockengewichts der angewendeten Hefe
betrug. Bei unseren Versuchen konnte niemals Alkohol abdestillirt werden, und es ist sicher, dass die Menge desselben
immer weniger als 1,6 % der Hefe ausmachte. Es geht daraus
das Eine unzweifelhaft hervor, dass die Menge der Alkoholbildung nicht von der Beschaffenheit der Hefe, sondern von
äusseren Umständen abhängt und dass die Hefenzellen in Folge
der krankhaften Veränderung beim Absterben nur sehr wenig
Alkohol erzeugen. Tritt derselbe in grösseren Mengen auf, so
muss er auf einem anderen Wege entstehen, und es lässt sich
wohl nur der bereits angegebene dafür in Anspruch nehmen,
wobei das Zusammenwirken der Spaltpilze und der Sprosspilze

erforderlich ist, der ersteren, um aus Cellulose Zucker, der
letzteren, um aus Zucker Alkohol zu bilden[1]).

Diese exceptionelle geistige Gärung setzt also das Wohlbefinden zweier Pilzformen voraus, die ungleiche Existenzbedürfnisse
haben und durch Konkurrenz einander leicht verdrängen. Es
lässt sich daher schon zum voraus vermuthen, dass sie nur
unter ganz besonderen Umständen, wo die beiden Gegner in
ihrer Existenzfähigkeit sich die Wage halten, also nur selten
eintreten wird. In der That mangelte sie in den angeführten
Versuchen entweder gänzlich oder beinahe gänzlich, indem die
Spaltpilzbildung meist ausblieb, zuweilen aber auch allzusehr
überhand nahm. Um die Frage zu entscheiden, unter welchen
Umständen aus Sprosshefe ohne Zusatz von Zucker am meisten
Alkohol erhalten wird, müssten besondere Versuche angestellt
werden, wobei besonders die Temperatur, die Wassermenge (die
in unseren Versuchen wahrscheinlich für den genannten Zweck

---

[1]) Wie ich bereits angeführt habe, wurden bei denjenigen der Liebig'-
schen Versuche, bei welchen ich eine mikroskopische Untersuchung anstellte,
reichliche Spaltpilze gefunden.

Ihr Vorhandensein ergiebt sich übrigens auch aus dem Umstande, dass
die Flüssigkeit in Folge der Selbstgärung der Bierhefe nach Liebig's Beobachtung ziemlich viel Leucin enthielt. Diese Verbindung wurde nicht von
den Sprosspilzen ausgeschieden, sondern von den Spaltpilzen durch Zersetzung
der von den Sprosspilzen ausgeschiedenen Peptone gebildet. Liebig's Angabe, dass „man bei dieser Gärung nicht den geringsten Fäulnissgeruch be-
obachte", hat keine Beweiskraft gegen das Vorhandensein von Fäulnissprocessen,
denn bei Anwesenheit von Zucker oder zuckerbildenden Substanzen
die Fäulniss ziemlich weit fort, ohne dass man sie mit dem Geruchsorgan
wahrnimmt, weil die Ammoniakkörper von der durch die Spaltpilze gebildeten
Milchsäure neutralisirt werden; sowie man aber durch vorsichtiges Zusetzen
von Alkalien die Säure bindet, tritt der Fäulnissgeruch sogleich sehr intensiv
hervor.

Diese Erklärung wird durch die Angabe Liebig's bestätigt, dass die
Flüssigkeit bei der Selbstgärung der Bierhefe stets sauer geworden sei, so
dass sie zu fernerem Gebrauche neutralisirt werden musste. Die Säure
konnte unter den vorliegenden Umständen nur Milchsäure sein, allenfalls gemengt mit Buttersäure, und die Säure konnte nur durch die Spaltpilze vermittelst Gärung aus dem Zucker entstehen.

zu gering war) und ein geringer Zusatz von Säuren ins Auge zu fassen wären [1]).

Damit ist der Zersetzungstheorie das wichtigste, oder eigentlich das einzige thatsächliche Argument entzogen, welches darthun sollte, dass im Plasma der Hefenzelle eine zur Zucker- und Alkoholbildung hinneigende Zersetzung thätig sei. Ich kehre nach dieser Abschweifung zu dem Hauptthema zurück. Da, wie ich zeigte, zwischen Gärung und Fäulniss kein principieller Unterschied besteht, da beide nur so lange thätig sind, als sie von den lebenden Hefenzellen unterhalten werden, so müsste die Zersetzungstheorie, um dieser Erfahrung gerecht zu werden, annehmen, dass in allen Stadien der Gärung und Fäulniss die Hefe den Zersetzungszustand, in dem sie sich selbst befindet, dem Gärmaterial mittheile. Und da eine lebende Zelle als solche nicht in Zersetzung befindlich sein kann, sondern nur einzelne Stoffe sich zersetzen, indess andere sich bilden, so müsste die Theorie an diese Einzelvorgänge anknüpfen. Es könnten ferner nicht allgemein vorkommende, sondern nur specifische Zersetzungsprocesse sein, welche die Gärungen bewirkten, da ja diese selber je nach der specifischen Beschaffenheit der Hefenzellen verschieden sind, da beispielsweise das Zuckermolekül von den Sprosspilzen in Alkohol und Kohlensäure, von den einen Spaltpilzen in Milchsäure, von anderen in Buttersäure, von noch anderen in Mannit u. s. w. gespalten wird. Es ist nicht möglich, dass die allgemeinen Zersetzungen der Albuminate, welche bei allen Pilzen den Ernährungs- und Wachsthumsprocess begleiten, Gärung hervorrufen, weil es keine solchen allgemeinen, allen Pilzen zukommenden Gärerscheinungen giebt.

---

[1]) Liebig führt fünf Versuche an, alle mit reichlicher Alkoholbildung. Daraus folgt aber nicht etwa, dass sein Verfahren immer das gleiche Resultat gab. Er wollte nicht zeigen, auf welche Weise eine lebhafte Gärung erhalten werde, sondern dass mehr Weingeist sich bilden könne, als der von ihm angenommenen Cellulosemenge entspreche. Er wählte daher nur die günstigen Fälle aus, während andere wohl wenig oder keinen Alkohol gaben.

Nun mangelt aber der Zersetzungstheorie jede andere als die rein theoretische Grundlage. Wenn in den Hefenzellen eine Verbindung enthalten wäre, welche durch ihre Zersetzung Gärung hervorbrächte, so müsste man sie ausziehen und somit den Gärvorgang von der Zelle trennen können, wie man den Körper, welcher den Rohrzucker invertirt, trennen kann. Jenes ist aber unmöglich und somit ein thatsächlicher Anhaltspunkt für die Theorie nicht gegeben.

Auch eine entschiedene Analogie ist nicht vorhanden. Denn so zahlreich die Beispiele sind, wo eine physikalische Bewegung von den Molekülen eines Stoffes auf diejenigen eines anderen Stoffes übertragen wird, so dürfte doch der Fall kaum vorkommen, wo die chemische Bewegung, insbesondere die Zersetzung einer Verbindung, lediglich durch ihre Anwesenheit das Zerfallen einer anderen Verbindung veranlasst, insofern nicht etwa eine gleichzeitig erfolgende physikalische Bewegung mitwirkt[1]). Die nächsten und scheinbar die grösste Analogie zeigenden Beispiele, nämlich die chemischen Vorgänge, welche durch Kontaktwirkung unorganischer oder organischer Stoffe zu Stande kommen, verhalten sich entschieden anders, indem diese katalytischen Stoffe selber keine chemische Bewegung zeigen, sondern unverändert - bleiben.

Da die Zersetzungstheorie von den an den Hefenzellen selbst zu gewinnenden Thatsachen und von allgemeinen Analogieen so mangelhaft unterstützt wird, so ist es begreiflich, dass die neueren Gärungschemiker eine andere Erklärung gesucht haben. Dieselben gehen von der wohlbekannten und klar vorliegenden Wirksamkeit der (unorganisirten) Fermente aus und tragen die-

---

[1]) Die Liebig'sche Theorie veranlasste einige Versuche, um Zucker durch Stoffe zu spalten, welche bei gelinder Wärme sich leicht zersetzen. Dumas wendete Wasserstoffsuperoxyd an, O. Loew (nach mündlicher Mittheilung) salpetrigsaures Ammoniak; der Zucker (sowohl Rohr- als Traubenzucker) blieb immer unverändert.

selbe auf die Hefe über, indem sie annehmen, in den Hefenzellen sei neben allen andern Stoffen auch ein solcher vorhanden, welcher als Ferment wirke. So hätten die Sprosspilze ein besonderes Alkoholgärungsferment, die verschiedenen Spaltpilze hätten ein Milchsäuregärungsferment, ein Buttersäuregärungsferment, ein Ammoniakgärungsferment (in der Hefe des faulenden Harns) und andere Fäulnissfermente u. s. w.

Die Fermenttheorie wurde zuerst von Traube (1858) ausgesprochen und zuletzt noch von Hoppe-Seyler als für den Chemiker selbstverständlich hingestellt. Es scheint mir jedoch zwischen der Fermentwirkung und der Hefenwirkung oder Gärung ein durchgreifender Unterschied zu bestehen[1]).

Zunächst muss gegen die Fermenttheorie der nämliche Einwurf gemacht werden wie gegen die Zersetzungstheorie, dass

---

[1]) Bezüglich der Terminologie bemerke ich Folgendes: Zuerst kannte man die Wein- und Bierhefe, die man als Ferment bezeichnete. Nachher lernte man lösliche organische Verbindungen kennen (Diastase, Pepsin etc.), welche ähnliche Wirkungen zu haben schienen; man stellte dieselben mit den Hefen zusammen und nannte sie ebenfalls Fermente. Als man zu dem Bewusstsein ihrer Verschiedenheit von den eigentlichen Hefen gelangte, nannte man sie ungeformte oder unorganisirte Fermente im Gegensatz zu den geformten oder organisirten Fermenten, die aus Zellen bestehen.

Nachgerade ist die Wirkung der ungeformten Fermente viel besser erkannt als die der organisirten, und desswegen werden sie jetzt häufig schlechthin als Fermente bezeichnet. Indem die ungeformten Fermente den organisirten den Rang in der Erkenntniss abgelaufen, haben sie ihnen zugleich auch den Namen geraubt.

Ich bezeichne, um mich möglichst dem jetzigen Sprachgebrauche anzubequemen, die organisirten oder zelligen Fermente als Hefe und ihre Wirkung als Hefen- oder Gärwirkung, im Gegensatz zu Ferment und Fermentwirkung. Jedenfalls ist die Bezeichnung von geformten und ungeformten, organisirten und unorganisirten Fermenten keine glückliche. Man kann nicht wohl eine chemische Verbindung und einen aus zahlreichen chemischen Verbindungen bestehenden Organismus als Artbegriffe dem nämlichen Gattungsbegriff unterordnen.

Das Richtigere wäre aber wohl, den Namen Ferment in dem ursprünglichen Sinne als synonym mit Hefe zu brauchen und dagegen die modernen Fermente als Kontaktsubstanzen zu bezeichnen, da sie in der That von Schwefelsäure, Kali, Wasser nur darin abweichen, dass sie organische Verbindungen sind.

nämlich der hypothetische, die Gärung verursachende Stoff nicht
nachgewiesen, nicht aus den Zellen ausgezogen und dargestellt
werden kann, wie dies dagegen mit den wirklichen Fermenten
der Fall ist. Es giebt selbst Gärungschemiker, .welche diese
hypothetischen Fermentstoffe geradezu als von den Zellen untrennbar bezeichnen und damit einen wesentlichen Unterschied
gegenüber den wirklichen Fermenten zugeben, welche alle in
Wasser löslich sind. Die Annahme, dass bei den Gärungen Fermente thätig seien, wäre also nur dann gerechtfertigt, wenn eine
hinreichende Analogie in physiologischer und chemischer Hinsicht
nachgewiesen werden könnte. Dies ist nicht der Fall; eine
genaue Vergleichung zeigt uns sehr bemerkenswerthe Gegensätze.

In physiologischer Beziehung sind zwei Momente hervorzu-
heben; das eine betrifft die räumlichen Verhältnisse. Die Ursache,
welche Gärung bewirkt, ist untrennbar mit der Substanz der
lebenden Zelle, d. h. mit dem Plasma[1]) verbunden. Gärung
findet nur in unmittelbarer Berührung mit dem Plasma und
soweit die Molekularwirkung desselben reicht statt. Will der
Organismus in Räumen und auf Entfernungen, auf die er keine
Macht durch die Molekularkräfte der lebenden Substanz auszuüben
vermag, chemische Processe beeinflussen, so scheidet er Fermente aus. Die letzteren sind besonders thätig in Hohlräumen
des thierischen Körpers, im Wasser, in welchem Pilze leben, in
plasma-armen Zellen der Pflanzen. Es ist selbst sehr fraglich,
ob der Organismus jemals Fermente bilde, welche innerhalb des
Plasmas wirksam sein sollen; denn hier bedarf er ihrer nicht,

---

[1]) Unter Plasma (meist Protoplasma genannt) verstehe ich den halbflüssigen schleimigen Inhalt der Pflanzenzelle, der aus wechselnden Mengen von
ungelösten und gelösten Albuminaten besteht. Meistens überwiegt die ungelöste Modifikation; es kann aber auch die gelöste Modifikation fast allein
vertreten sein. Nur selten ist es bei Pflanzen möglich und auch nothwendig,
die beiden Modifikationen zu trennen. Man kann sie dann als Stereoplasma
und Hygroplasma bezeichnen (letzteres dem Plasma der Thierphysiologie
analog).

weil ihm in den Molekularkräften der lebenden Substanz viel energischere Mittel für chemische Wirkung zu Gebote stehen.

Das andere physiologische Moment betrifft die Bedeutung, welche Gärung und Fermentwirkung für die Ernährung haben. Auch diese Erscheinungen müssen, wie alle Einrichtungen in der organischen Natur, ihre besonderen Zwecke erfüllen, und die Mittel, um diese Aufgaben zu vollbringen, müssen am zweckentsprechendsten gewählt worden sein.

Die Fermente haben nun in den meisten Fällen die Aufgabe, Nährstoffe, die in unverwerthbarer Form vorhanden sind, in verwerthbare umzuwandeln, unlösliche löslich, nicht diosmirende diosmirfähig zu machen. Sie verwandeln die Albuminate in Peptone, Stärkemehl, Gummi, Cellulose in Glykoseformen, sie invertiren Rohr- und Milchzucker[1]), sie zerlegen die Fette in den keimenden Samen.

In einigen besonderen Fällen scheinen die Fermente eine andere physiologische Aufgabe zu erfüllen. In gewissen Samen erzeugen sie scharfe, widerlich schmeckende oder giftige Stoffe. Das Emulsin spaltet das Amygdalin der bitteren Mandeln in Zucker, Bittermandelöl und Blausäure; das Myrosin zerlegt das myronsaure Kali in Zucker, Senföl und schwefelsaures Kali. Die scharfen Stoffe bilden sich in diesen und ähnlichen Fällen, sowie die Samen zermalmt werden und mit Wasser in Berührung kommen, und ebenso, wenn sie Wasser aufnehmen und keimen.

---

[1]) Man könnte allenfalls vermuthen, Rohr- und Milchzucker seien, weil sie diosmiren, schon an und für sich Nährstoffe und die Invertirung geschehe, um sie gärungsfähig zu machen. Der Nutzen dieses Processes für die Hefenzellen würde dann in der Rückwirkung bestehen, welche der auf die Invertirung folgende Gärvorgang auf das Zellenleben ausübt.

Dass diese Vermuthung nicht stichhaltig ist, geht aus der Thatsache hervor, dass auch die Schimmelpilze, denen das Gärvermögen mangelt, den Zucker sehr energisch invertiren, wie sich leicht durch Versuche nachweisen lässt. Wir müssen daraus schliessen, dass die Zuckerarten (Diglykosen), welche 12 Atome Kohlenstoff im Molekül haben, für die Ernährung ungeeignet oder jedenfalls weniger geeignet sind als diejenigen mit 6 Atomen C (Glykosen).

Sie haben offenbar den Zweck, die Samen und die Keimpflanzen vor den Angriffen der Thiere zu schützen[1]). Ob aber die Abwehr der Feinde der einzige Grund ist, warum gewisse Glykoside und die Fermente, welche sie zerlegen, von den Pflanzen erzeugt werden, lässt sich vorerst nicht entscheiden. Es ist sehr wahrscheinlich, dass die Zersetzungsprodukte noch andere physiologische Dienste leisten. Der Zucker, der dabei immer auftritt, wird als Nahrung verwendet, und die scharfen, bitteren oder giftigen Stoffe dürften ebenfalls eine Funktion bei dem pflanzlichen Chemismus vollbringen.

Abgesehen von diesen besonderen Fällen besteht der chemischphysiologische Charakter der Fermentwirkung bloss darin, nicht nährende oder schlecht nährende Verbindungen in besser und überhaupt in die best nährenden überzuführen. Die Hefen- oder Gärwirkung hat gerade den entgegengesetzten Charakter; ihre Produkte sind ausnahmslos schlechter nährende Verbindungen, und sie zerstört vorzugsweise die am besten nährenden Stoffe. Der Gegensatz tritt am auffallendsten bei den Kohlenhydraten und den Proteïnstoffen hervor. Während die Fermentwirkung aus denselben die Glykoseformen und Peptone (welche beiden alle anderen Nährstoffe übertreffen) erzeugt, zerlegt die Gärung diese Verbindungen in Alkohol, Mannit, Milchsäure, in Leucin, Tyrosin u. s. w. Zuweilen folgen mehrere Gärungen auf einander; dann nehmen ihre Produkte stufenweise an Nährfähigkeit ab. Wir können allgemein sagen, dass die Hefenpilze durch jeden

---

[1]) Es durfte als fraglich betrachtet werden, ob die in den Samen enthaltenen Glykoside beim Keimen zerlegt werden. Dieselben bilden sich beim Reifen der Samen, welche zu dieser Zeit noch viel Vegetationswasser enthalten; und ich hielt es für möglich, dass sie auch beim Keimen in den unverletzten lebenden Zellen unverändert bleiben und nur beim Zerreissen des Gewebes durch die Wirkung der Fermente zerfallen. Versuche haben das Gegentheil ergeben. Aus keimenden Senfsamen kann man in jedem Stadium, wenn man sie ohne mechanische Verletzung mit Weingeist behandelt, Senföl ausziehen, welches in den Samen vor dem Keimen nicht enthalten ist.

Gärprocess, den sie bewirken, das Medium, in welchem sie sich befinden, für die Ernährung chemisch ungeeigneter machen.

Man könnte vielleicht vermuthen, dass die Gärprodukte einem Pilze bei der Konkurrenz Vortheile gewähren. Es ist aber eher das Gegentheil der Fall; durch dieselben wird eine Nährlösung immer so verändert, dass ein fremder Pilz darin existenzfähiger ist als derjenige Pilz, der die Gärung bewirkt. Dies bezieht sich aber nur auf die chemische Beschaffenheit der gegorenen Flüssigkeit; ich werde nachher zeigen, dass der molekular-physiologische Gärungsakt selber für die Gärungspilze sich vortheilhaft erweist.

Während die Vergleichung der Fermentwirkung und Gärung in physiologischer Beziehung keine Schwierigkeiten bietet, mangeln zur Vergleichung des chemischen Charakters noch die nothwendigen Thatsachen. Nur die Fermentwirkung scheint klar erkannt zu sein, indem wir annehmen dürfen, dass dabei die organische Verbindung Molekül für Molekül in ihre Komponenten zerfällt: Dextrin in Traubenzucker, Rohrzucker in Invertzucker, Albuminate in Peptone. Die Umwandlung geht glatt und vollständig von statten; andere Produkte der Fermentwirkung bilden sich nicht.

Was die Gärung betrifft, so sind bis jetzt nur in einem Falle die Gärprodukte mit Rücksicht auf das Gärmaterial quantitativ bestimmt worden. Bei der geistigen Gärung zerfällt nicht die ganze Zuckermenge in Alkohol und Kohlensäure, wie man früher glaubte; sondern es wird, wie Pasteur nachgewiesen, ein kleiner Theil (ungefähr 5%) in anderer Weise zerlegt (in Glycerin, Bernsteinsäure und Kohlensäure). Ebenso ist es sicher, dass bei der Milchsäuregärung nicht aller Zucker in Milchsäure umgesetzt wird; eine geringe Menge erfährt eine andere Zersetzung, wie die mehr oder weniger reichliche Entwicklung von Kohlensäure beweist.

Wenn wir diese beiden Beispiele als massgebend für die Gärung betrachten dürfen, so zeigen sie uns, dass neben der normalen

Spaltung ein kleiner Theil des Gärmaterials in anderer Weise
zerlegt wird und dass unter den Produkten der letzteren Zersetzung sich Kohlensäure befindet, auch wenn sie unter den
Produkten der normalen Spaltung mangelt. Dieses Moment nun
scheint mir den chemischen Charakter der Gärung gegenüber
der Fermentwirkung zu bedingen, indem bei der letzteren ern
einfacher Spaltungsprocess statt hat. — Kohlensäure dürfte ern
Nebenprodukt aller Gärungs- und Fäulnissprocesse sein und
daher auch für alle der Name Gärung, womit man die Vorstellung von Gasentwicklung zu verbinden gewöhnt ist, passend
sein, während bei der Fermentwirkung nie Kohlensäure frei wird.

Der angegebene Unterschied zwischen Fermentwirkung und
Gärung wäre uns nicht recht verständlich, wenn beide Processe
die gleiche Ursache hätten. Dagegen fällt jede Schwierigkeit
weg, wenn die Gärung nicht durch eine Kontaktsubstanz, sondern
durch das lebende Plasma bewirkt wird. Wir begreifen dann,
dass — während das Ferment als einfache chemische Verbindung
eine andere chemische Verbindung in einfacher und gleichartiger
Weise verändert, so dass alle Moleküle die nämliche Zersetzung
erfahren — eine organisirte Substanz mit ihren mannigfaltigen
Molekularbewegungen und Molekularkräften eine complicirtere
Zersetzung hervorbringt.

Diese Betrachtung wird durch eine andere chemische Verschiedenheit unterstützt, welche wir zwischen Fermentwirkung
und Gärung beobachten. Das organische Ferment kann meistens
leicht durch eine andere Kontaktsubstanz ersetzt werden, durch
Säuren, Alkalien, selbst durch Wasser, besonders bei erhöhter
Temperatur. Anders verhält es sich mit den Gärungen, welche
in den ausgesprochenen Fällen nur durch Hefe bewirkt werden.
Wir müssen nämlich in dieser Beziehung unter den zahlreichen
Gärprocessen zwei Gruppen unterscheiden: 1. diejenigen, welche
auch bei Ausschluss von Sauerstoff erfolgen, und 2. diejenigen,
welche den Zutritt von Sauerstoff verlangen. Zu den ersteren,

welche wir als die typischen Gärungen bezeichnen können, gehören alle Gärungen des Zuckers und der zuckerähnlichen Stoffe (Glycerin, Mannit) sowie der Peptone (Albuminate). Dieselben lassen sich durch kein anderes Mittel als durch die lebenden Hefenzellen hervorbringen. Zu der zweiten Gruppe gehören die Gärungen der Säuren, des Asparagins, Harnstoffs u. s. w., ferner die Oxydationsgärungen. Diese Zersetzungen können um so eher durch andere chemische Mittel hervorgebracht werden, je einfacher die Produkte sind (z. B. beim Zerfallen des Harnstoffs in Ammoniak und Kohlensäure), oder (wenn es Oxydationsgärungen sind) je mehr die Gärwirkung zurück und die Wirkung des Sauerstoffs in den Vordergrund tritt (wie bei der Essigbildung aus Weingeist).

Es scheint noch ein sehr bemerkenswerther Unterschied zwischen Fermentwirkung und Gärung in thermochemischer Beziehung zu bestehen, sofern wir aus den wenigen bekannten Fällen überhaupt etwas schliessen dürfen. Bei der Gärung wird Wärme frei und es entstehen Produkte, die zusammen eine geringere Menge von potentieller Energie enthalten. Bei der Fermentwirkung wird Wärme aufgenommen; die Spaltungsprodukte stellen eine grössere Summe von Spannkraft dar. Ich werde später noch besonders auf diesen Punkt zurückkommen.

Während die beiden erörterten Gärungstheorieen (die Zersetzungs- und die Fermenttheorie) sich auf den rein chemischen Standpunkt stellen, ist die Sauerstoffentziehungstheorie Pasteur's vielmehr physiologischer Natur. Dieser Forscher ging von der von ihm als sicher hingestellten Annahme aus, dass alle Pflanzen, auch die niederen Pilze, zu ihrem Leben Sauerstoff bedürfen, wofür sie eine entsprechende Menge Kohlensäure ausscheiden. Eine Gruppe von niederen Pilzen jedoch zeige in dieser Beziehung ein besonderes Verhalten. Während alle anderen Pilze, wie die sämmtlichen übrigen Gewächse, bloss freien Sauerstoff benutzen können, so sollen die Hefenpilze, die ebenfalls bei Zutritt von

freiem Sauerstoff am kräftigsten gedeihen, bei Mangel desselben
gewissen leichter zersetzbaren organischen Verbindungen den
Sauerstoff zu entziehen und davon zu leben vermögen; wiewohl
eine solche Vegetation ohne freien Sauerstoff, wenigstens bei der
Sprosshefe, kümmerlich bleibe.

Diese aus seinen Versuchen erschlossene Thatsache benutzte
Pasteur zur Begründung einer neuen Gärungstheorie. Wenn
die Hefenzellen freien Sauerstoff finden, so sollen sie keine Gärung
bewirken. Nach Massgabe als ihnen dieser mangelt, sollen sie
das Gärmaterial angreifen und, indem sie demselben eine geringe
Menge von Sauerstoff entziehen, es in seinem molekularen Gleichgewicht stören und zur Zersetzung veranlassen.

Diese sinnreiche Theorie machte grosses Aufsehen, denn sie
schien das dunkelste Gebiet der Gärungslehre zu erleuchten und
für die Physiologie der niederen Organismen neue und wichtige
Aufschlüsse zu geben. Die experimentelle Grundlage, welche die
Theorie stützen soll, erweist sich aber bei strenger Prüfung als
unhaltbar.

Pasteur beschreibt seine Versuche folgendermassen. Ein Kolben
von ¼ Liter Inhalt wird mit 100 ccm Zuckerwasser und einer geringen
Menge von eiweissartigen Nährstoffen beschickt, durch Kochen luftfrei
gemacht und eine Spur Hefe zugesetzt. Die nämliche Nährflüssigkeit
wird ferner in einen flachen Teller mit grosser Oberfläche gegeben.
Im ersteren Versuch (im luftfreien Kolben) vermehrt sich die Hefe
kümmerlich und zersetzt das 60-, 80-, 100fache ihres Gewichts Zucker.
Im zweiten Versuch (im offenen Teller) vermehrt sich unter dem ausgiebigen Luftzutritt die Hefe wohl 100mal rascher, zerlegt aber nur
das 6 bis 8fache ihres Gewichts Zucker. Hieraus zog Pasteur den
Schluss, dass die Hefe bei Luftabschluss eine mehr als 20mal grössere
Wirksamkeit besitze als bei Luftzutritt.

Anderweitige Angaben über die betreffenden Versuche mangeln,
so dass wir uns über die Dürftigkeit und die wenig genaue Form derselben wundern, wenn wir damit die anderen Gärungsversuche des be-
rühmten Chemikers vergleichen, die an Vollständigkeit und Genauigkeit
nichts zu wünschen lassen. Es ist gerade, als ob geringere Ansprüche

an die experimentelle Begründung zu machen wären, wenn es sich um
eine physiologische als wenn es sich um eine rein chemische Thatsache
handelt. In dem vorliegenden Fall vermissen wir Angaben über die
Hefenmengen, welche sich in dem einen und anderen Fall gebildet
haben, über die Zeitdauer der Versuche, über den mikroskopischen
und chemischen Befund. Dieses alles wäre aber nothwendig, um ein
sicheres Urtheil zu gewinnen, — die mikroskopische Untersuchung auch
desswegen, weil nach Aussaat einer Spur Sprosshefe bei Luftabschluss
sich gewöhnlich Spaltpilze, bei reichlichem Luftzutritt dagegen Schimmelpilze einstellen, welche das Resultat der Gärung modificiren. Diese
Mängel berechtigen um so eher zu Zweifeln, als aus den numerischen
Angaben Pasteur's sich ein ganz anderes Resultat berechnen lässt
als das von ihm angegebene. So dürftig auch die Angaben sind, so
reichen sie nämlich für eine arithmetische Behandlung gerade aus.

Aus der Angabe, dass die Hefe im Kolben das 80 fache, im Teller
das 7 fache ihres Gewichts Zuckers vergoren habe, folgt, dass bis zur
Vergärung des Zuckers im Teller 11,4 mal so viel Hefe gebildet wurde
als im Kolben.

Aus der Angabe, dass die Vermehrung der Hefe im Teller 100 mal
rascher vor sich gegangen sei als im Kolben, und aus dem soeben
gewonnenen Resultat berechnet sich ferner, dass zur Vergärung des
Zuckers im Kolben eine 8,8 mal längere Zeit erforderlich war als im
Teller.

Aus den Hefenmengen und aus den Zeiten ergiebt sich endlich
die Wirksamkeit, und da zeigt sich, dass, wenn wir die Progression
der Hefenzunahme in den beiden Versuchen in Anschlag bringen, die
Wirksamkeit der Hefenzelle in der Zeiteinheit im Teller grösser ausfällt als im Kolben, während sie nach dem Ueberschlage Pasteur's
20 mal geringer sein sollte.

Ich bemerke hiezu Folgendes. Da die Versuche von Pasteur
mit einer Spur Hefe begannen, die sich während der Versuchsdauer
stetig vermehrte, so kann für jeden der beiden Fälle die Leistung der
einzelnen Zelle nur aus der Summation der ganzen betreffenden Reihe
berechnet werden; sie hat ihr genaues Mass in der Menge des zer-
legten Zuckers, getheilt durch die Summe der Produkte aus den
wirksam gewesenen Hefenmengen und ihren Zeiten. Leider ist es
unmöglich, die erwähnte Summation auszuführen, weil die Progression
der Zunahme für die Versuche unbekannt ist. Es kann nur aus ander-

2*

weitigen Erfahrungen auf die vorliegenden Fälle ein Wahrscheinlich-
keitsschluss gemacht werden.

Wenn in eine gegebene Menge von Nährflüssigkeit eine Spur Hefe
ausgesäet wird, so ist die Zunahme derselben in der ersten Zeit eine
geometrische Progression, indem sich die Zellenzahl in ziemlich gleichen
Zeitabschnitten verdoppelt. Mit der Vermehrung der Zellen vermindert
sich dann aber die Zunahme immer mehr.

Man kann sich ein Bild von dem Verhältniss der Gesammtwirk-
samkeit der Hefenvegetationen in den beiden Pasteur'schen Versuchen
I und II machen, wenn man die Zeitdauer als Abscisse (für I im
Kolben im Ganzen 8,8 mal so gross als für II im Teller) und die
Hefenmengen für jeden Moment als Ordinaten (die letzte Ordinate für
II 11,4 mal so gross als für I) aufträgt. Die Flächeninhalte (zwischen
der Abscisse, der letzten Ordinate und der Kurve) geben dann die
reciproken Werthe für die durchschnittliche Wirksamkeit der einzelnen
Zelle. Obgleich bloss die letzte Ordinate bekannt ist, so bleibt in dem
vorliegenden Fall doch nur ein kleiner Spielraum für die Konstruktion
der Kurven, und wenn ich die Erfahrungen, die aus zahlreichen Hefen-
kulturen gewonnen wurden, zu Hilfe nehme, so vermindert sich dieser
Spielraum noch mehr. Es ergiebt sich daraus, dass der angegebene
Flächeninhalt in dem Versuch I etwas kleiner, in dem Versuch II
aber merklich kleiner ausfallen muss, als wenn die Zunahme in
arithmetischer Progression erfolgte und somit die Kurve zur Geraden
würde. Somit vergärt, wie ich bereits gesagt habe, eine Hefenzelle
bei Luftzutritt (im Teller) während der nämlichen Zeit mehr Zucker,
als wenn ihr der Sauerstoff entzogen wird (im Kolben). — Es versteht
sich, dass diese Berechnung nur so weit richtig ist, als die numerischen
Angaben Pasteur's genau sind. Auf welche Weise derselbe zu seinem
gegentheiligen Resultate gelangte, bleibt mir unklar. Es geht aber aus
diesem Beispiele deutlich hervor, wie leicht man sich bei oberfläch-
lichem Ueberschlage über die Wirksamkeit der Zellen täuschen kann,
wenn die darüber Aufschluss gebenden Summen durch Summationen
verschiedener Reihen mit verschiedener Zeitdauer gewonnen werden
müssen.

Uebrigens sind die Versuche, wie sie Pasteur anstellte, wenig
geeignet zur Entscheidung der Frage: Wie verhält sich die Gärwirkung
der Hefe mit oder ohne Sauerstoff? und zwar desswegen, weil in der
Versuchsgleichung drei unbekannte Grössen vorkommen: 1. die Zu-

nahme, welche die mit einem Minimum beginnende Hefe mit Sauerstoff
und ohne Sauerstoff unter übrigens gleichen Umständen zeigt (also die
Gestalt der Kurve); 2. die Gärwirksamkeit, welche der Mengeneinheit
der mit und ohne Sauerstoff gewachsenen Hefe unter übrigens ganz
gleichen Umständen (ohne oder mit Sauerstoff) zukäme; 3. der Einfluss,
den die Anwesenheit und der Mangel von Sauerstoff auf die Gärwirksamkeit der nämlichen (unter gleichen Umständen gewachsenen
und somit gleichgearteten) Hefe ausüben würde.

Die vorliegende Frage musste daher durch andere Beobachtungen und Versuche entschieden werden. Ich stelle eine Thatsache voran, welche wenigstens eine principielle Lösung in der
Art giebt, dass sie zeigt, wie die Hefenzelle in dem Moment, wo
sie mit Sauerstoff in Berührung ist, auch Zucker vergären kann.
Diese Thatsache ist die Essigätherbildung.

Es ist bekannt, dass bei der geistigen Gärung zuweilen
geringe Mengen von Essigäther (Aethylacetat) entstehen und
dass gewisse Weine etwas von dieser Verbindung enthalten. Ich
habe, um Aufschluss über den Vorgang zu erhalten, in den
Jahren 1867 — 1869 eine Menge von Versuchen angestellt. Sie
ergaben, dass, wenn die gärende Flüssigkeit Essigsäure enthält
oder wenn verdünnter Weingeist durch Essigmutter in Essig
umgewandelt wird, wenn also entweder fertige Essigsäure mit
entstehendem Alkohol oder fertiger Alkohol mit entstehender
Essigsäure in Berührung ist, durch Einwirkung von lebenden
Zellen niemals Essigäther entsteht. — Diesen Fall haben wir im
Allgemeinen bei der Wein- und Bierbereitung. In Folge der
stürmischen Gärung entweicht eine grosse Menge von Kohlensäure, welche eine die Luft abschliessende Gasschicht über der
gärenden Flüssigkeit bildet. Erst nach Beendigung der Gärung
und Entfernung der Kohlensäure tritt Luft zu und es beginnt
die Essigbildung.

Dagegen beobachtete ich oft reichliche Bildung von Essigäther, wenn es gelang, die beiden Gärprocesse gleichzeitig eintreten zu lassen. Dies ist auf zweierlei Art möglich, einmal

durch Schütteln der Flüssigkeit mit Luft. Ich gab so geringe Mengen von Traubenmost in grosse Kolben, dass nach dem Schütteln bloss die Wandungen benetzt waren, und schüttelte dann die Kolben fleissig. Die Essigätherbildung begann sofort und zwar in einzelnen Fällen so intensiv, dass auch nur kleine Mengen des gegorenen Mostes ungeniessbar waren. Ich bemerke übrigens, dass das Resultat dieses Versuches unter verschiedenen Umständen sehr ungleich ausfällt und dass die Beschaffenheit der Hefe einen wesentlichen Einfluss auszuüben scheint. Während der Saft von rothen Tirolertrauben in der Regel mehr oder weniger Essigäther gab, konnte ich mit dem Saft von weissen italienischen Trauben sowie mit künstlichen Nährflüssigkeiten, denen eine Spur Bierhefe beigegeben wurde, meistens keinen erzeugen.

Die andere Art, wie ich oft ziemlich reichliche Essigätherbildung erhielt, ist folgende. Es giebt Umstände (ich glaube, dass die Beschaffenheit der Hefe dabei die wichtigste Rolle spielt), unter denen eine äusserst langsame Gärung eintritt. Die Hefe befindet sich dabei nicht innerhalb der Flüssigkeit, sondern bildet ein dünnes, an der Oberfläche schwimmendes Häutchen, welches von blossem Auge von einer jungen zarten, noch glatten Kahmhaut nicht unterschieden werden kann. Es besteht aber nicht aus länglichen und lanzettlichen Kahmhautzellen, sondern aus kugeligen oder ovalen Zellen[1]) und daneben aus Spaltpilzen. Wenn die Gärung auf dieses Häutchen beschränkt ist, so kann fast die ganze Menge des verschwindenden Zuckers zu Essigäther werden. Wenn aber noch Gärung innerhalb der Flüssigkeit hinzukommt, so bildet sich auch Alkohol.

Die Essigätherbildung findet, wie aus den angeführten Thatsachen sich ergiebt, dann statt, wenn entstehender Alkohol und entstehende Essigsäure zusammentreffen. Es ist begreiflich, dass

---

[1]) In den meisten Fällen waren die Zellen genau kugelig (Saccharomyces sphaericus, wohl nur Anpassungsform).

zwei Stoffe, die Verwandtschaft zu einander haben, im Augenblick ihrer Entstehung, wenn die Theile ihrer Moleküle (Atome und Atomgruppen) sich noch in lebhafterer Bewegung befinden und das Gleichgewicht innerhalb der Moleküle noch nicht vollständig hergestellt ist, eine Verbindung eingehen können, die später im normalen Zustande nicht mehr möglich ist. — Wir müssen also annehmen, dass bei der Essigätherbildung Essigsäure und Alkohol in dem nämlichen räumlichen Punkt entstehen, so dass sie durch Molekularanziehung auf einander wirken können, — und da zur Essigsäurebildung freier Sauerstoff nothwendig ist, so muss sich die alkoholbildende Zelle in einer Atmosphäre von Sauerstoff befinden.

Die Umstände, unter denen die Essigätherbildung eintritt, beweisen uns die Unhaltbarkeit der Theorie, dass die Hefenzellen nur bei Ausschluss von Luft den Zucker vergären können. Aber aus den Beobachtungen ging nicht sicher hervor, ob der Sauerstoff günstig oder ungünstig auf die Gärung einwirke. Es zeigte sich zwar, dass die nämliche Menge Traubenmost bei reichlichem Luftzutritt schneller vergor als ohne Luft. Aber unter jenem Einflusse bildete sich auch eine grössere Menge Hefe, und es war somit immer möglich, dass die Hefenzelle mit Sauerstoff weniger Zucker zerlegte als ohne Sauerstoff.

Es mussten daher noch Versuche angestellt werden, bei denen die Vermehrung der Hefe ausgeschlossen war. Dies war leicht in der Weise zu bewerkstelligen, dass gleiche Mengen von fertiger Hefe in blosse Zuckerlösungen gegeben und bei dem einen Versuch Luft durchgeleitet, bei dem anderen die Luft ganz ausgeschlossen wurde.

Dr. Walter Nägeli führte im Jahre 1875 folgende Versuche aus.

1. Ein kleines Kölbchen (A) wurde ganz gefüllt mit 65 ccm destillirtem Wasser, 3 g Rohrzucker, 1 g Citronensäure und 5 g aufgeschlemmter Hefe, welche 0,24 g Trockensubstanz enthielt. Die Citronensäure wurde zugesetzt, um die Spaltpilzbildung zu verhindern. — Das

aus dem Kölbchen sich entwickelnde Gas ging zuerst durch ein Gefäss mit Schwefelsäure, dann durch ein mit Chlorcalcium gefülltes
Röhrchen, dann durch zwei Liebig'sche Kugelapparate mit Kalilauge
und durch zwei Kaliröhrchen.

Ganz die gleiche Menge Wasser, Zucker, Säure und Hefe wurde
in einen grösseren Kolben (B) von 1100 ccm Inhalt gegeben, durch
die Flüssigkeit, welche bloss den Boden bedeckte, fortwährend Luft
durchgesaugt, welche zuvor durch Schwefelsäure und Kali gereinigt
worden, und die aus dem Kolben heraustretende Luft durch ähnliche
Apparate geleitet wie die aus dem kleinen Kölbchen. Der Kolben
wurde überdem, um alle Flüssigkeit gleichmässiger mit dem Sauerstoff
in Berührung zu bringen und um das Absetzen der Hefe zu verhüten,
öfters geschüttelt, was bei dem kleinen und engen Kölbchen A nicht
nothwendig schien.

Man hatte nun zwei ganz gleiche Versuche, den einen ohne, den
andern mit sehr viel Sauerstoff. Die erstere Gärung (A) gab nach
5 Tagen auf 100 Zucker 29,2 Kohlensäure, die zweite (B) 36,2 Kohlensäure.

2. Ganz gleiche Versuche wie in 1., aber mit Weglassung der
Citronensäure. Die Gärung war lebhafter; sie gab nach 5 Tagen in A
auf 100 Zucker 37,4 Kohlensäure, in B 49,4 Kohlensäure. In B war
aller Zucker verschwunden; es hatte sich wenig Milchsäure gebildet.

3. Ein Kölbchen von 350 ccm Inhalt (A) erhielt 200 ccm Wasser,
30 g Rohrzucker, 3 g Citronensäure, 50 ccm Hefenbrei mit 1,74 g
Trockensubstanz. — Das gleiche Gärmaterial wurde in einen 10 mal
so grossen Kolben (B, von 3500 ccm Inhalt) gegeben. — Beide Kolben
waren mit Kork und Gärröhre verschlossen; zum Abschluss in der
letzteren diente Glycerin. B wurde öfter, A hin und wieder geschüttelt; letzteres geschah namentlich, um die Hefe gleichmässiger in der
Flüssigkeit zu vertheilen und ihr Absetzen zu verhindern. Nach $8\frac{1}{2}$ Tagen
wurde in A auf 100 Zucker 4,65 g Alkohol, in B 13,8 g Alkohol gefunden. In B hatte die Gärflüssigkeit die Einwirkung von 40 mal mehr
Luft erfahren als in A.

4. Ganz gleiche Versuche wie in 3., aber mit Weglassung der
Citronensäure, gleichzeitig angestellt. Wegen des rascheren Verlaufs
der Gärung wurde nach $4\frac{1}{2}$ Tagen unterbrochen. A enthielt auf
100 Zucker 41,3 Alkohol, B 48,8 Alkohol. In B war der Zucker fast
vollständig verschwunden; es hatte sich etwas Milchsäure gebildet.

5. Ein Kölbchen von 450 ccm Inhalt (A) wurde mit 200 ccm Wasser, 25 g Rohrzucker, 2,5 g Citronensäure und 50 ccm Hefenbrei, welcher 1,77 g Trockensubstanz enthielt, angesetzt. Die Luft im Kölbchen wurde durch Kohlensäure verdrängt und ein Verschluss mit Gärröhre wie in 3. angebracht. — Das gleiche Gärmaterial kam ferner in einen grossen mit Luft gefüllten Kolben von 3300 ccm Inhalt. — Beide Kolben wurden öfter geschüttelt und dabei möglichst gleich behandelt.

Nach 7½ Tagen wurden in A auf 100 Zucker 3,76 Alkohol, in B 15,7 Alkohol erhalten.

Alle Versuche stimmen darin überein, dass die mit Sauerstoff gärende Hefe wirksamer ist als die ohne oder mit weniger Sauerstoff gärende, und zwar war der Unterschied um so grösser, je früher die Gärung unterbrochen wurde. Dies ist begreiflich. Im Anfange sind die Flüssigkeiten in den beiden Versuchen (A und B) ganz gleich. In B vergärt unter dem Einflusse des Sauerstoffs viel mehr Zucker. Der dadurch gebildete Alkohol ist nun der weiteren Gärung hinderlich. Die Zusammensetzung der Gärflüssigkeit ist also in B sehr bald ungünstiger als in A und behält diesen Charakter während der ganzen Dauer des Versuchs. Daher wird die Differenz in der Menge des verschwundenen Zuckers immer geringer. Diese Menge verhält sich wie 10 : 42 im Versuch 5 (in A waren 7,5 %, in B 31 % Zucker vergoren), wie 10 : 30 im Versuch 3 (in A waren 9,1 %, in B 27 % Zucker vergoren), wie 10 : 12 im Versuch 1 (in A waren 60 %, in B 74 % Zucker vergoren), wie 10 : 12 im Versuch 4 (in A waren 81 %, in B 96 % Zucker vergoren) und wie 10 : 13 im Versuch 2 (in A waren 76 %, in B 100 % Zucker vergoren).

Es ist also ganz sicher, dass Zutritt von Sauerstoff der Gärung günstig ist, wenn keine Nährstoffe zugegen sind und in Folge dessen die ganze Hefenmenge sich nicht oder nur unbedeutend vermehrt. Sind Nährstoffe vorhanden, so wirkt der Sauerstoff noch viel günstiger, weil dann unter seinem Einflusse auch die Vermehrung der Hefe lebhafter von statten geht[1]).

---

[1]) Dumas (Ann. de Chim. et de Phys. 1874, III, 80) leitete einen langsamen Strom von Sauerstoffgas durch eine gärende Flüssigkeit und behauptet, dass dadurch die Gärung nicht merklich beeinflusst worden sei. Da alle näheren Angaben mangeln (während bei anderen Versuchen und Kontrolversuchen die zur Begründung erforderlichen Einzelnheiten dargelegt werden),

Die Theorie Pasteur's, dass die Gärung durch Mangel an
Sauerstoff erfolge, indem die Hefenzellen gezwungen seien, den
Bedarf an Sauerstoff dem Gärmaterial zu entnehmen, ist durch
alle Thatsachen, die auf diese Frage Bezug haben, widerlegt.

———

Nachdem ich gezeigt habe, dass jede der bisherigen Gärungstheorieen mit einzelnen Thatsachen im Widerspruch steht, gehe
ich nun zu der Erörterung der Frage über, ob es nicht möglich
ist, uns eine Vorstellung über den Gärprocess zu bilden, die
allen beobachteten Erscheinungen Genüge leistet und in Uebereinstimmung mit der jetzigen Molekularphysik sich befindet. Ich
halte es für zweckmässig, mit der Betrachtung der Fermentwirkung zu beginnen, weil dieselbe mit der Gärwirkung zwar
nicht identisch, aber doch einigermassen analog ist.

Die Fermente (Diastase, Invertin etc.) wirken wie verdünnte
Säuren, alkalische Lösungen, Wasser. Man sagte, die chemische
Umsetzung geschehe durch katalytische Kraft, durch Kontaktwirkung. Selbstverständlich war dies keine Erklärung, sondern
nur eine allgemeine Bezeichnung für eine Gruppe von gleichartigen Vorgängen. Das Gemeinsame dieser Vorgänge aber besteht darin, dass die Kontaktsubstanz bloss durch ihre Anwesenheit
wirkt, dass sie dabei chemisch nicht betheiligt ist, dass sie selber
keine Verbindung eingeht. Wenn man das Produkt der Kontaktwirkung wegnimmt, kann die nämliche Menge Schwefelsäure oder
heisses Wasser oder Ferment fortwährend neue Mengen Substanz
umwandeln.

Es ist mir nur eine von Bunsen herrührende Erklärung
dieser Thatsache bekannt, welche von Hüfner im Jahre 1873
weiter ausgeführt wurde. Die Kontaktwirkung soll darin bestehen, dass die Kontaktsubstanz gewisse Atome oder Atomgruppen
eines zusammengesetzten Moleküls stärker anziehe als den Rest

———

so wird eine Kritik und die Untersuchung, wie dieses Resultat physiologisch
zu erklären sei, unmöglich.

und dadurch in Verbindung mit der Wärmewirkung und mit den chemischen Anziehungen der Atome und Atomgruppen unter einander eine neue Gruppirung, also eine chemische Umsetzung hervorbringe. Ich möchte diese Erklärung nur dahin ergänzen, dass die Kontaktsubstanz nicht bloss durch Anziehung und Abstossung, sondern vorzüglich auch durch die Bewegungszustände ihrer Moleküle und Atome wirksam werde.

Nach den jetzt massgebenden und ohne allen Zweifel ausreichend begründeten Vorstellungen der Molekularphysik haben die Moleküle, abgesehen von allfälligen fortschreitenden Bewegungen, auch um einen Gleichgewichtspunkt schwingende (unter Umständen rotirende) Bewegungen, und diese schwingenden Bewegungen kommen auch jedem einzelnen Atom und jeder Atomgruppe im Molekül zu. Wenn die Temperatur steigt, so verwandelt die Substanz einen Theil der aufgenommenen freien Wärme in gebundene Wärme oder Spannkraft (specifische Wärme, Wärmekapacität). Die Erhöhung der Spannkraft besteht darin, dass die Moleküle sowie deren Atome und Atomgruppen lebhafter sich bewegen und innerhalb grösserer Ausschläge schwingen[1]). Bei jeder chemischen Substanz erreicht man durch Erhöhung der Temperatur früher oder später einen Punkt, wo die Bewegungen innerhalb der Moleküle so intensiv werden, dass dieselben zerfallen, sich zersetzen und möglicherweise neue Verbindungen eingehen.

Was wird nun geschehen, wenn bei einer Temperatur, welche

---

[1]) In festen Körpern haben die ganzen Moleküle schwingende Bewegung in Flüssigkeiten schwingende und fortschreitende, in Gasen nur fortschreitende Bewegung, abgesehen von der rotirenden, welche dem flüssigen und gasförmigen Zustande noch zukommt. In allen aber sind die Atome und die Atomgruppen der Moleküle in schwingender Bewegung, indem sie um ihre Gleichgewichtslagen hin und her schwanken, und die Schwingungsdauer wird jeweilen durch die Grösse der anziehenden und abstossenden Kräfte, sowie durch den Abstand von dem Atom, an dessen Werthigkeit sie festhängen, bedingt sein, wie die Schwingungsdauer eines Pendels durch den Abstand des Schwerpunktes vom Aufhängepunkt und durch die Grösse der Schwerkraft.

dieses Zerfallen noch nicht zur Folge hat, zwei Substanzen sich
innig mit einander mengen (wie in einer Lösung), so dass ihre
Moleküle in unmittelbarer Nähe sich befinden und auf einander
wirken? Die beiden Substanzen befinden sich vor der Berührung
in ungleichen Bewegungszuständen; durch gegenseitige Einwirkung
findet eine Ausgleichung statt. Das frühere Gleichgewicht in
den Molekülen wird gestört. Ist die Störung gross genug, so
zerfallen dieselben; ist sie geringer, so tritt ein neues Gleichgewicht an die Stelle.

Es vertheilt sich beispielsweise Schwefelsäure in einer Dextrin-
lösung. Durch die Bewegungen der Schwefelsäuremoleküle werden
gewisse Schwingungen in den Dextrinmolekülen so gesteigert, dass
dieselben unter Aufnahme von Wasser je in zwei Glykosemoleküle
sich spalten. Bei etwas höherer Temperatur oder etwas grösserer
Koncentration der Schwefelsäure ist die Wirkung selbstverständlich
eine energischere. — Die Schwefelsäuremoleküle erfahren ihrerseits
durch die Bewegungen der Dextrinmoleküle gleichfalls eine Veränderung in ihren inneren Bewegungszuständen, allein sie sind
durch ihre grössere Festigkeit vor Zersetzung geschützt.

Die Wirkung der Fermente giebt uns einen Fingerzeig für
die Beurtheilung der Hefenwirkung. Obgleich beide Vorgänge,
wie ich zeigte, in gewissen Beziehungen sich wesentlich verschieden
verhalten, so dass wir sie unmöglich identificiren dürfen, so
besteht doch in einem allgemeinen Punkte, nämlich in dem molekularphysikalischen Zustandekommen, Uebereinstimmung. Wir
können die Theorie der Fermentwirkung mutatis mutandis auf
die Gärung übertragen, und wenn wir die veränderten Umstände
berücksichtigen, so ergeben sich daraus die Verschiedenheiten,
die zwischen beiden in Wirklichkeit bestehen. Wie bei der Kontaktwirkung der Fermente, werden auch bei der Hefenwirkung molekulare Schwingungszustände übertragen, dadurch das bisherige
Gleichgewicht in den Molekülen des Gärmaterials gestört und
dieselben zum Zerfallen veranlasst. Während aber das Ferment

als einheitliche chemische Verbindung wirkt, wirkt die Hefenzelle durch die kombinirten Molekularbewegungen mehrerer Verbindungen, aus denen das lebende Plasma in bestimmten Zuständen besteht.

Gärung ist demnach die Uebertragung von Bewegungszuständen der Moleküle, Atomgruppen und Atome verschiedener das lebende Plasma zusammensetzender Verbindungen (welche hiebei chemisch unverändert bleiben) auf das Gärmaterial, wodurch das Gleichgewicht in dessen Molekülen gestört und dieselben zum Zerfallen gebracht werden[1]).

Die molekularphysikalische Gärungstheorie, wie ich sie soeben formulirt habe, hat Aehnlichkeit sowohl mit der Liebigschen Zersetzungstheorie als mit der Fermenttheorie der Chemiker; sie ist aber von beiden grundsätzlich verschieden. Sie lässt, was die Vergleichung mit der Zersetzungstheorie betrifft, die Verbindungen des lebenden Plasmas ohne chemische Umsetzung bloss durch ihre molekularen Bewegungen auf das Gärmaterial einwirken. Liebig spricht zwar im Verlauf der Darstellung zuweilen ebenfalls bloss von Uebertragung einer Bewegung, aber diese Bewegung wurde vorgängig stets als chemische Bewegung oder als Zersetzung aufgefasst. Der Gedanke, der bei allen Wandlungen der Theorie unwandelbar festgehalten wurde, war der, dass eine in chemischer Umsetzung begriffene Substanz ihre Umsetzung auf eine andere in der Nähe befindliche Substanz übertrage. Zuletzt (1870) war es das Eiweiss der lebenden Hefenzelle, welches durch seine Zersetzung, wobei Zucker abgespalten werde, den Anstoss der Alkoholgärung geben sollte, — eine Theorie, die, abgesehen von der mangelnden thatsächlichen

---

[1]) Es kommt hiebei weniger auf die Bewegungen der ganzen Moleküle als auf die Schwingungen der Atome und namentlich der Atomgruppen an, wie das auch bei der Fermentwirkung der Fall ist und wie es auch bei der Wirkung vieler Gifte angenommen werden muss, wovon ich später noch sprechen werde.

Begründung, schon desswegen unannehmbar ist, weil sie für die zahlreichen übrigen Gärungen keine Anwendung findet.

Mehr innere Verwandtschaft hat die molekularphysikalische Theorie mit der Fermenttheorie, indem in beiden Fällen die Spaltung eines zusammengesetzten Moleküls auf ähnliche Weise zu Stande gebracht wird. Die Verschiedenheit besteht darin, dass die Fermenttheorie die verschiedenen Gärungen durch eben so viele verschiedene Verbindungen verursacht werden lässt, dass sie also für den besonderen chemischen Process eine besondere chemische Ursache voraussetzt, — während die molekularphysikalische Theorie die verschiedenen Gärungen durch das lebende Plasma erfolgen lässt, welches entsprechend seiner verschiedenen Organisation und Mischung, wie für die Ernährung, so auch für die Gärthätigkeit ungleiche chemische Wirkungen hervorbringt.

Durch die molekularphysikalische Gärungstheorie werden sofort mehrere charakteristische Eigenthümlichkeiten der Gärung erklärt. Wir begreifen einmal, dass der Gärprocess nur in den Zellen oder in unmittelbarer Nähe der Hefenzellen stattfindet und dass er nicht von denselben getrennt werden kann.

Wir begreifen ferner, dass, während bei der Ferment-wirkung eine gleichmässige Spaltung eintritt, bei der Gärung dagegen verschiedene Spaltungen mit einander combinirt sind, — dass diese verschiedenen Spaltungen kein konstantes Verhältniss eigen, sondern je nach der individuellen Verschiedenheit der Hefenzellen ihr quantitatives Verhältniss verändern — und dass jede specifisch organisirte Pilzzelle besondere Kombinationen von Spaltungen hervorbringt, unter denen nur das Gemeinsame besteht, dass jedesmal Kohlensäure frei wird.

Wir begreifen endlich, dass die Gärwirkungen der Hefenzellen in ihrer grossen Mehrzahl bis jetzt nicht auf künstlichem Wege zu Stande gebracht werden konnten.

Einige andere Punkte, welche die Gärung betreffen und bei der Theorie derselben Berücksichtigung verdienen, verlangen eine besondere Besprechung. Ich beginne mit der Frage: Findet die Gärung innerhalb oder ausserhalb der Zellen statt?

Man hat schon seit langer Zeit angenommen, der Zucker dringe in die Hefenzellen ein und verlasse dieselben als Alkohol und Kohlensäure wieder. Diese Annahme ist bestritten worden. Gründe, die für oder gegen gesprochen hätten, wurden eigentlich nicht vorgebracht. Statt derselben entschieden doktrinäre Anschauungen, je nachdem die eine oder andere Annahme sich für die verschiedenen Gärungstheorieen günstiger erwies. Ganz entscheidende Gründe stehen mir zwar ebenfalls nicht zu Gebote, doch lässt sich durch einige thatsächliche Erwägungen der Frage etwas näher rücken und eine bestimmte Antwort als wahrscheinlich darthun.

Machen wir uns zuerst klar, was geschehen muss, wenn die Alkoholgärung im Innern der Zellen erfolgt. Nach Pasteur vergärt 1 g Hefe (Trockengewicht) 50 Traubenzucker in 20 Tagen, also durchschnittlich 2,5 g in 24 Stunden, 0,1 g in einer Stunde. In der ersten Zeit ist aber selbstverständlich die Gärung viel lebhafter als gegen das Ende. Nach Dumas (Ann. de Chim. et de Phys. 1874 p. 82) vergären 10 g feuchte Hefe (worin 2 g Trockensubstanz) bei 24⁰ C. 0,5 g Traubenzucker in 20 Minuten, also 1 g Hefe (Trockengewicht) 0,75 g Zucker in einer Stunde[1]). Nach

---

[1]) Alle Betrachtungen über die Wirksamkeit der Hefe müssen von dem physiologisch unbestreitbaren und durch vielfache Thatsachen bestätigten Grundsatze ausgehen, dass unter gleichen Umständen die Menge der wirksamen Hefe und die Menge des in der Zeiteinheit vergorenen Zuckers im geraden Verhältniss zu einander stehen. Im Gegensatze hiezu kommt Dumas (a. a. O.) zu dem seltsamen Ausspruch, dass 20 g und 100 g der gleichen Hefe die nämliche Zeit (24 Min. bei 24⁰ C.) brauchen, um 1 g Glykose zu zerlegen. In der That würde das Gegentheil aus dem Wortlaute seiner Versuche folgen; denn derselbe sagt aus, dass einmal 10 g Hefe 0,5 g Glykose in 200 g Wasser während 23 Minuten vergoren, und ferner, dass 50 g Hefe, 2,5 g Glykose und 1000 g Wasser in 5 Partieen vertheilt das gleiche Resultat in der gleichen Zeit ergaben. Ich vermuthe also das Vorhandensein irgend eines Druckfehlers

den Erfahrungen bei unseren Versuchen werden von 1 g Unter-
hefe der Münchner Brauereien (Trockengewicht) in einer 10 proc.
Rohrzuckerlösung, welche weinsaures Ammoniak als Nährstoff
enthält und durch welche fortwährend Luft durchgeleitet wird,
bei 30⁰ C. während 24 Stunden ungefähr 70 g Zucker vergoren,
wobei die Hefe ihr Gewicht nach 18 Stunden verdoppelt. Nach
24 Stunden beträgt also dieses Gewicht etwas mehr als 2,5 g,
und es sind während 24 Stunden durchschnittlich etwa 1,7 g Hefe
wirksam, welche das 40 fache, während 1 Stunde das 1,67 fache
ihres Gewichts Zucker zerlegen.

Es müsste also, wenn der Spaltungsprocess im Innern geschieht, bei 30⁰ C. in jeder Zelle während 24 Stunden das
20,4 fache Gewicht ihrer Trockensubstanz (in 1 Stunde das
0,85 fache Gewicht) Alkohol gebildet und ausgeschieden werden,
— ferner während 24 Stunden das 1860 fache Volumen der
feuchten (lebenden) Hefenzelle (in 1 Stunde das 77,5 fache Volumen)
Kohlensäuregas. Um diese arithmetischen Ergebnisse richtig beurtheilen und für einen Schluss verwerthen zu können, mangelt
uns freilich die Vorstellung, wie viel Alkohol und Kohlensäure
während einer bestimmten Zeit durch die Membran der lebenden
Hefenzelle hindurchgehen können. Wir dürfen nicht aus der
grossen Menge der Ausscheidungsprodukte sofort auf die Unmöglichkeit der Leistung schliessen, da in der Kleinheit der Zellen
und in dem dadurch bedingten günstigen Verhältniss zwischen
Membranfläche und Inhalt ein compensirendes Moment gegeben ist.

(2,5 g Glykose statt 0,5 g.). Schützenberger (Gärungserscheinungen 1876
S. 142) führt ohne weitere Bemerkung die Thatsache als erwiesen an. —
Sollte wirklich ein Druckfehler vorliegen und die Versuche zu jenem Aus-
spruche berechtigen, so musste die Ursache in der Ungleichheit der begleitenden
Umstände liegen. Inwieweit eine solche Ungleichheit gegeben war, lässt
sich allerdings nicht nachweisen, da die verschiedenen Ursachen, welche die
Gärung oft sehr stark beeinflussen und welche daher bei solchen Versuchen
vollkommen gleich gemacht sein müssen, nicht ausdrücklich erwähnt sind und
also wohl nicht beachtet wurden.

Die Oberfläche einer Bierhefenzelle beträgt 0,0003 qmm, ihr Volumen 0,000000′5 cmm. Berechnen wir die Ausscheidung für ein hypothetisches Membranstück von 1 qcm, so muss durch dasselbe während einer Stunde eine Kohlensäuremenge von 0,013 ccm hindurchgehen, was auf die Secunde 0,000003′6 ccm ausmacht; mit andern Worten: durch die Membran muss in der Stunde eine Kohlensäureschicht von 0,13 mm Höhe, in der Secunde eine solche von 0,00003 mm Höhe diffundiren. Die Leistung erscheint uns nun ziemlich gering und um so eher möglich, als die Kohlensäure, wie die natürlichen schäumenden Getränke beweisen, von den Hefezellen in grosser Menge ohne Nachtheil für ihre Funktionen ertragen wird. Wir dürfen also annehmen, dass, wenn die Gärung im Innern der Zelle erfolgt, die Kohlensäurespannung, ohne die Gärung zu verhindern, zunimmt, bis sie ein stetes Abfliessen durch die Membran veranlasst.

Anders könnte es sich mit dem Alkohol verhalten. Derselbe wirkt in grösserer Menge giftig auf die Hefezellen. Wenn eine Gärflüssigkeit etwa 14 % davon enthält, so wird die weitere Gärung unmöglich. In einer 14 gewichtsproc. Alkohollösung aber sind in den Zellen kaum 7 % ihres feuchten Gewichts Alhohol enthalten, weil das Wasser (83 % des ganzen Gewichts) fast ausschliesslich als Imbibitionswasser des Plasmas und der Membran vorhanden ist und als solches eine verdünntere Lösung aufnimmt. Es muss also der Alkohol aus der Zelle fortgeschafft werden, ehe er auf 7 % ihres Gewichts sich anhäuft. — Anderseits wissen wir, dass der Alkohol im Vergleich mit Wasser nur langsam durch pflanzliche und thierische Membranen diosmirt, dass eine Blase, in welcher Weingeist enthalten ist, wenig davon abgiebt, dagegen viel Wasser aufnimmt. In der Hefezelle gestalten sich die Verhältnisse insofern anders, als dieselbe mit Flüssigkeit gefüllt ist und sich nicht weiter ausdehnen kann. Bei dem diosmotischen Process, welcher zwischen der alkoholreicheren Zellflüssigkeit und der alkohlärmeren umgebenden Flüssigkeit statt-

findet, muss eben so viel Alkohol die Zelle verlassen, als dafür
Wasser eintritt. Es handelt sich also darum, welche Mengen
Alkohol und Wasser unter den gegebenen Verhältnissen in einer
bestimmten Zeit durch eine Membran hindurchgehen.

Mit dieser Frage verflicht sich eine andere. Die Hefenzelle
muss nicht nur den durch Gärung gebildeten Weingeist ausscheiden, sondern auch den dazu erforderlichen Zucker aufnehmen, und zwar muss fast doppelt so viel Glykose hinein- als
Alkohol hinausgehen. Eine Zuckerlösung entzieht den Zellen,
deren Flüssigkeit eine geringere Dichtigkeit hat, Wasser. Wir
sehen unter dem Mikroskop, wie die Hefenzellen in koncentrirter
Zuckerlösung sehr bedeutend ihr Volumen vermindern. Bei der
gärenden Hefenzelle wirken also zwei Momente in entgegen-
gesetztem Sinne: der eingeschlossene Alkohol, welcher Wasseraufnahme, und der ausgeschlossene Zucker, welcher Wasserabgabe
verlangt. In Wirklichkeit findet keine Wasserströmung statt;
die Zelle behält ihre Volumen. Es bewegen sich bloss einerseits
die Zuckermoleküle, welche hinein-, anderseits die Alkoholmoleküle
und die Kohlensäuremoleküle (erstere in gleicher Zahl wie die
Zuckermoleküle, letztere in doppelter Zahl), welche hinausgehen.

Um thatsächliche Anhaltspunkte für diese diosmotischen Bewegungen
zu gewinnen, veranlasste ich Hrn. Dr. Oskar L o e w (Adjunkt am pflanzenphysiologischen Institut) folgende Versuche auszuführen.

Zwei Opodeldokgläser (A und B) wurden ganz mit 8,2 gewichts-
procentiger Alkohollösung gefüllt, dann mit Pergamentpapier bedeckt
und gut zugebunden und jedes in eine Schale mit 10 proc. Rohrzuckerlösung gelegt, so dass die Dialysationsmembran senkrecht zwischen
den beiden Flüssigkeiten stand. Man hatte nun einen ganz analogen
Fall, wie ihn die alkoholbildende, in der Zuckerlösung befindliche
Hefenzelle darstellt, indem das mit der Membran verschlossene Glas
die Zelle darstellte.

Das Glas A enthielt 159 ccm Alkohollösung ($= 156,87$ g) und lag
in 700 ccm Zuckerlösung; die Membranfläche betrug 15,197 qcm; der
Versuch dauerte 15 Stunden; Temp. 16° C. Das Glas B fasste 147 ccm
($= 145,03$ g); es befand sich gleichfalls in 700 ccm Zuckerlösung;

Membranfläche 14,506 qcm; gleiche Versuchsdauer; Temperatur 28° C. Der hineindiosmirte Zucker wurde durch Verdampfen von ¹/₁₀ des Inhalts und Trocknen bei 100° bestimmt. In dem Glase A befanden sich im Ganzen 3,17 g, in B 3,52 g Zucker, also in A eine 2,02 proc., in B eine 2,43 proc. Zuckerlösung.

Da der Alkoholverlust durch Abdestilliren nur ungenau hätte ermittelt werden können, so wurde er mit Hilfe des specifischen Gewichts, des Volumens und des gefundenen Zuckers durch Probiren bestimmt, indem in einer 3 proc. Alkohollösung die betreffende Zuckermenge gelöst und noch so viel Alkohol zugefügt wurde, bis das gewünschte specifische Gewicht erreicht war. Das specifische Gewicht der Flüssigkeit in dem Glase A betrug nach dem Versuch 1,0014. Eine Lösung von 300 ccm Wasser, 6,34 g Zucker und 14,1 ccm absolutem Alkohol gab 318 ccm Flüssigkeit (die doppelte Menge von A) mit dem nämlichen specifischen Gewicht von 1,0014. 14,1 ccm Alkohol $= 11,195$ g. Es waren also in dem Glase A noch $\frac{11,195}{2} = 5,597$ g Alkohol enthalten; vor dem Versuch befanden sich darin 13,038 g, und es sind somit 7,441 g Alkohol hinausdiosmirt.

Das specifische Gewicht der Flüssigkeit in dem Glase B betrug nach dem Versuch 1,0019. Eine Lösung von 274 ccm Wasser, 7,04 g Zucker und 15,4 ccm absolutem Alkohol gab 294,7 ccm Flüssigkeit (die doppelte Menge von B) mit dem specifischen Gewicht 1,0019 . 15,4 ccm Alkohol $= 12,227$ g. Es waren demnach in dem Glase B noch $\frac{12,227}{2} = 6,113$ g Alkohol vorhanden; vor dem Versuch enthielt es 12,044 g und hat also 5,921 g durch Diosmose verloren.

Durch die Membran A sind in 15 Stunden 3,17 g Zucker hineinund 7,441 g Alkohol hinausdiosmirt, oder auf 1 Stunde und 1 qcm berechnet durchschnittlich 0,0139 Zucker und 0,0326 Alkohol. Durch die Membran B sind in 15 Stunden 3,52 g Zucker hinein- und 5,921 g Alkohol hinausgegangen, was für 1 Stunde und 1 qcm durchschnittlich 0,0162 Zucker und 0,0271 Alkohol ergiebt.

Zur Vergleichung mit diesen Versuchen wurden noch solche angestellt, wo blosse Alkohollösung oder blosse Zuckerlösung gegen Wasser diosmirte. Da bei Vorversuchen sich herausstellte, dass aus einer 7—8 proc. Alkohollösung nicht zu vernachlässigende Mengen Alkohol verdunsten, so wurden, wie bei den beschriebenen Versuchen, verschlossene Gläser angewendet.

Zwei Opodeldokgläser (C und D) wurden ganz mit 8,2 gewichtsproc. Alkohol (spec. Gewicht 0,9866) gefüllt, mit Pergamentpapier überbunden und jedes in eine Schale mit 700 ccm Wasser gelegt, so dass die vertikale Membran die beiden Flüssigkeiten trennte. Das Glas C enthielt 155 ccm verdünnten Alkohol; die Membranfläche betrug 14,507 qcm; Versuchsdauer 15 Stunden; Temp. 16° C. Am Schlusse hatte der Inhalt des Glases ein spec. Gewicht von 0,9913 (was einer 4,9 gewichtsproc. Lösung entspricht). Es diosmirten in 1 Stunde durch 1 qcm Membran durchschnittlich 0,0235 g Alkohol hinaus.

Das Glas D enthielt ebenfalls 155 ccm Flüssigkeit; Membranfläche = 15,884 qcm; Versuchsdauer dieselbe (15 St.); Temp. 28° C. Nach dem Versuch war das spec. Gewicht des Glasinhaltes 0,9912 (= 4,5 Gewichtsproc. Alkohol). Es gingen in 1 Stunde durch 1 qcm der Membran durchschnittlich 0,0241 g Alkohol hinaus.

Ferner wurden zwei Opodeldokgläser (E und F) mit 7,0 gewichtsproc. Alkohol (spec. Gewicht 0,9885) gefüllt und im Uebrigen ganz wie C, D behandelt. Das Glas E enthielt 100 ccm Flüssigkeit; Membranfläche = 10,738 qcm; Versuchsdauer 14 Stunden; Temp. 16° C. Spec. Gewicht des Glasinhaltes nach dem Versuch 0,9929 (= 3,99 Gewichtsproc. Alkohol). In 1 Stunde gingen durch 1 qcm Membran durchschnittlich 0,0200 g Alkohol hinaus.

Das Glas F enthielt ebenfalls 100 ccm Flüssigkeit; Membranfläche = 12,560 qcm; gleiche Versuchsdauer (14 St.); Temp. 28° C. Spec. Gewicht des Glasinhaltes nach dem Versuch 0,9948 (= 3,00 Gewichtsproc. Alkohol). Es diosmirten in 1 Stunde durch 1 qcm Membran durchschnittlich 0,022 g Alkohol.

Zu den Versuchen mit Zuckerlösung (G, H, I, K) dienten zwei offene Dialysatoren mit Pergamentpapier. Jeder erhielt 100 ccm Zuckerlösung von 1,03903 spec. Gewicht (= 10,5 °/o Zucker) und wurde auf 400 ccm Wasser gesetzt.

G. Membranfläche 46,5 qcm; Versuchsdauer 16 Stunden; Temp. 16° C. Nach dem Versuch betrug das spec. Gewicht des Inhaltes 1,0231 (= 6,4 °/o Zucker). Es diosmirten im Ganzen 4,1 g Zucker hinaus, also in 1 Stunde durch 1 qcm Membran durchschnittlich 0,00551 g.

H. Der nämliche Dialysator wurde zu einem Versuch bei 34° C. benutzt; Versuchsdauer 17 Stunden. Spec. Gewicht nach dem Versuch 1,0182 (= 5,1 °/o Zucker). Im Ganzen gingen 5,4 g Zucker

durch die Membran hinaus, in 1 Stunde durch 1 qcm Membran durchschnittlich 0,00720 g.

I. Membranfläche 44,1 qcm; Versuchsdauer 16 Stunden; Temp.
16° C. Nach dem Versuch war das spec. Gewicht des Inhaltes 1,0240
(= 6,7 % Zucker). Es diosmirten im Ganzen 3,8 g Zucker hinaus, in
1 Stunde durch 1 qcm Membran durchschnittlich 0,00538 g.

K. Der nämliche Dialysator wie I diente zu einem Versuch bei
34° C.; Dauer 17 Stunden. Spec. Gewicht nach dem Versuch 1,0186
(= 5,2 % Zucker). Im Ganzen diffundirten 5,3 g Zucker hinaus, in
1 Stunde durch 1 qcm Membran durchschnittlich 0,00670 g.

Diese Versuche wurden angestellt, um eine Vorstellung zu
erhalten, in welchen Mengen und in welchen Verhältnissen Zucker
und Alkohol durch eine todte Membran hindurchgehen, und um
dieses Ergebniss mit der Leistung der lebenden Hefenzelle zu
vergleichen. Die Hefe vergärt unter günstigen Umständen, wie
ich angegeben habe, während einer Stunde das 1,67 fache ihres
Trockengewichts Zucker und bildet das 0,85 fache ihres Gewichts
Alkohol. Da nicht alle Zellen sich gleich verhalten, da die einen
wenig und manche gar nicht arbeiten, so können wir wohl annehmen, dass die kräftigsten wenigstens das Doppelte der durchschnittlichen Arbeit verrichten. Geschieht die Gärung im Innern,
so müsste eine solche Zelle während einer Stunde das 3,34 fache
ihres Trockengewichts Zucker aufnehmen und das 1,7 fache ihres
Gewichts Alkohol ausscheiden. Diese Leistung erscheint uns nach
dem ersten Eindruck eine Unmöglichkeit; berechnen wir sie aber
auf die Flächeneinheit der Membran, so stellt sich die Wirklichkeit in einem ganz anderen Lichte dar.

Die feuchte lebende Bierhefezelle hat etwa 17 % Trockensubstanz; ihr Volumen beträgt 0,000000'5 cmm, ihr Gewicht
0,000000'0005 g, ihre Oberfläche 0,0003 qmm. Sie muss also,
unter den gemachten Voraussetzungen, während einer Stunde
0,000000'000142 g Zucker aufnehmen und 0,000000'000072'25 g
Alkohol ausscheiden, und zwar durch eine Membranfläche von
0,0003 qmm. Dies giebt für 1 qcm berechnet 0,000047 g Zucker.

und 0,000024 g Alkohol in der Stunde, also nicht $\frac{1}{300}$ des Zuckers und nicht $\frac{1}{1000}$ des Alkohols, welche durchschnittlich in der gleichen Zeit gegen einander durch 1 qcm Pergamentpapier hindurchgehen, wenn das letztere eine anfänglich 8 proc. Alkohollösung und die 4,4 fache Menge einer anfänglich 10 proc. Zuckerlösung trennt und wenn der Versuch 15 Stunden dauert. — Die diosmotische Strömung wird zwar im Pergamentpapier gegenüber der Hefenzellmembran begünstigt durch die gröblichen Räume, welche sich in dem ersteren befinden und in der letzteren mangeln. Allein die daraus sich ergebende Beschleunigung dürfte mehr als aufgehoben werden durch die Verlangsamung in Folge der ungleich grösseren Dicke des Pergamentpapiers (diese Dicke beträgt 0,1 bis 0,11 mm, somit wohl mehr als 200 mal die Membrandicke einer Bierhefenzelle).

Durch die lebende Membran der Hefenzelle muss bei innerer Vergärung fast doppelt so viel Zucker hinein- als Alkohol hinausgehen. Durch die todte Pergamentpapiermembran diosmiren die beiden Verbindungen unter den Versuchsbedingungen so ziemlich in den umgekehrten Verhältnissen, indem nur etwa halb so viel Zucker als Alkohol übertritt (nämlich 139 gegen 326 und 162 gegen 271), was ohne Zweifel auf Rechnung der grösseren Beweglichkeit der Alkoholmoleküle zu setzen ist. Allein dieser Umstand kann bei der Beurtheilung der Hefenthätigkeit kein Bedenken erwecken, da ja die von ihr verlangte Leistung so weit hinter der wirklichen Leistung einer todten Membran zurücksteht. Er würde, falls er auch für die lebende Hefenzellmembran gilt, höchstens zur Folge haben, dass der im Innern gebildete Alkohol um so schneller die Zelle verliesse[1]).

---

[1]) Aus den mitgetheilten diosmotischen Versuchen ergiebt sich noch eine Thatsache, die nicht auf die im Texte behandelte Frage Bezug hat, die aber wohl hervorgehoben zu werden verdient. Es ist die geringe Beschleunigung des diosmotischen Stromes, welche derselbe in der Wärme erfährt. Wenn die Temperatur von 16⁰ auf 28⁰ C. steigt, so vermehrt sich die Menge des gegen Wasser diosmirenden Alkohols von 100 auf 103 und von 100 auf 112.

Die diosmotischen Verhältnisse geben uns also keine Antwort auf die Frage, ob der Zucker innerhalb oder ausserhalb der Zelle vergäre, da sie das Erstere ebensowohl als das Zweite erlauben. Aus der Gärflüssigkeit dringt jedenfalls eine bestimmte Menge Zucker in die Hefenzellen ein, wie eine bestimmte Menge von Kochsalz in die Zellen der Meerpflanzen. Geschieht die Gärung ausserhalb der Zellen, so findet der aufgenommene Zucker keine Verwendung und es unterbleibt die weitere Aufnahme. Verschwindet aber der eingedrungene Zucker durch Gärung, so werden fortwährend neue geringe Mengen aufgenommen.

Wir müssen somit zur Entscheidung der vorliegenden Frage uns nach anderen Thatsachen umsehen, und dies kann nur in zwei Richtungen geschehen: 1. mit Rücksicht auf die Analogie der Pflanzenzellen überhaupt, 2. mit Rücksicht auf die geistige Gärung im Besonderen.

Rücksichtlich der Analogie im Allgemeinen handelt es sich darum, ob die Pflanzenzellen nach aussen eine chemische Wirkung ausüben können. Wir dürfen uns dabei nicht etwa einfach auf das Beispiel der thierischen Zellen berufen, für welche eine solche Wirksamkeit wohl nicht zweifelhaft ist. Denn es sind ja die Strukturverhältnisse wesentlich ungleich. Die thierische Zelle hat unmittelbar an ihrer Oberfläche eine plasmatische, aus Albuminaten bestehende, chemisch wirksame Substanz. In der Pflanzenzelle ist diese plasmatische Substanz mit einer Cellulosemembran bedeckt, in welcher zwar ebenfalls Lebensvorgänge

---

Wenn die Temperatur von 16⁰ auf 34⁰ C. steigt, so vermehrt sich die Menge des gegen Wasser hindurchgehenden Zuckers von 100 auf 131 und von 100 auf 124. Dies beweist uns, dass an der gewaltigen Steigerung des Lebensprocesses in der Wärme die Aufnahme und Abgabe keinen bestimmenden Antheil hat. — Die mitgetheilten Versuche dürfen übrigens bloss für die erwähnten ganz allgemeinen Schlüsse benutzt werden. Sie erlauben weiter keine ins Einzelne gehende Vergleichung; für solche Zwecke müssten neue Versuche angestellt werden, bei denen gleiche Membranflächen, gleiche Flüssigkeitsmengen, gleiche Zeiten und Temperaturen und wo möglich auch die gleichen Membranen anzuwenden wären.

stattfinden, aber solche von qualitativer Beschränkung und die vorzüglich in morphologischer und chemischer Umänderung der Membrantheilchen, sowie in der Einlagerung neuer Membrantheilchen und fremdartiger Substanzen bestehen.

Nach Allem, was wir aus Erfahrung wissen, müssen wir in der That die Pflanzenzelle als unfähig betrachten, durch unmittelbare Einwirkung eine chemische Umsetzung ausserhalb ihrer Membran zu Stande zu bringen, namentlich auch als unfähig, einer unlöslichen Substanz oder einer diosmotisch nicht eindringenden Lösung etwas zu entziehen. Wenn es den Anschein hat, als ob es doch der Fall sei, so geschieht die Einwirkung nicht unmittelbar, sondern auf einem Umwege. So scheiden die Wurzelzellen Säuren aus, um die in dem Boden absorbirten Mineralsalze zu lösen; andere Zellen bewirken eine Lösung durch ausgeschiedene Fermente; Gewebezellen geben an einen Intercellularraum von ihrem Inhalt ab, so dass in demselben nun ein selbständiger Chemismus beginnen kann.

Die Spaltpilze vermögen dem Blut Sauerstoff zu entziehen; sie entnehmen ihn aber nicht direkt aus den Blutzellen, sondern aus dem Blutplasma, aus welchem er durch Diffusion in die Spaltpilze hineingeht. Sowie in Folge dessen der Sauerstoff sich in dem Blutplasma vermindert, tritt er aus der lockeren Verbindung, in der er in den Blutzellen enthalten ist, in die Flüssigkeit heraus. Es ist ganz der gleiche Vorgang, wie wenn farbloses Stärkemehl dem durch eingelagertes Jod braungelb gefärbten Albumin das Jod entzieht und sich nach und nach blau färbt.

Es giebt ein anderes Beispiel, wo die Spaltpilze Sauerstoff entziehen, wo aber dieser Vorgang auf ganz andere Art zu Stande kommt. Wenn man eine Nährflüssigkeit, in welcher Spaltpilze leben, mit Lackmus färbt, so wird dieselbe um so schneller entfärbt (gelblich), je mehr der Luftzutritt gehemmt ist. Dass dies Folge von Desoxydation ist, lässt sich leicht dadurch beweisen, dass durch Schütteln mit Luft der Farbstoff immer wieder hergestellt werden kann.

Diese Sauerstoffentziehung ist nicht etwa als eine mechanische Aktion zu deuten, denn todte Zellen von der gleichen Struktur lassen den Farbstoff unverändert. Man kann auch nicht annehmen, dass die Zellen denselben aufnehmen und als farblose Verbindung wieder ausscheiden. Denn der Lackmusfarbstoff, wie die löslichen Farbstoffe der Blüthen, geht wohl durch die lebende Membran, aber nicht durch den lebenden Plasmaschlauch hindurch[1]).

Die Lackmusmoleküle bleiben also ausserhalb des Plasmainhaltes der Spaltpilzzellen in der Flüssigkeit (und in der Membran) und werden hier reducirt. Wir haben eine chemische Wirkung der lebenden Zelle ausserhalb ihrer Substanz vor uns, und wir möchten geneigt sein, anzunehmen, dass die Zelle, welche ihr Sauerstoffbedürfniss nicht anderswie zu befriedigen vermag, den Lackmus in ihrer nächsten Umgebung reducire. Diese Annahme würde uns aber bloss begreiflich machen, welche

---

[1]) Durch besondere zu diesem Behufe angestellte Versuche mit Algenzellen ergab sich die vollkommene Uebereinstimmung im Verhalten des Lackmusfarbstoffes mit dem Anthocyan. Derselbe färbt den abgestorbenen, nicht aber den lebenden Inhalt von Algenzellen. Er diosmirt durch die unverletzte Membran lebender Zellen', wird aber von derselben nicht eingelagert, auch wenn sie mit dem Farbstoff eintrocknet oder zum Kochen erhitzt wird. Dagegen findet Aufspeicherung und mehr oder weniger intensive Färbung der Zellmembran statt, wenn dieselbe die Einwirkung der Schwefelsäure erfahren hat. Ich erinnere daran, dass auch die Stärkekörner, sofern sie unverletzt sind, den Lackmus nicht aufnehmen, und dass sie denselben nur so weit einlagern, als sie durch mechanischen oder chemischen Eingriff in ihrer Molekularstruktur verändert und gequollen sind (W. Nägeli, Beiträge zur näheren Kenntniss der Stärkegruppe S. 77).

Bemerkenswerth ist der Umstand, dass der Lackmusfarbstoff, während er mit Leichtigkeit durch die Membranen der lebenden Zellen diosmirt, die abgestorbenen Membranen von Spirogyra u. s. w. nicht zu durchdringen vermag. In zuckerhaltiger Lackmuslösung färbt sich der Raum zwischen der Membran und dem kontrahirten Plasmaschlauch; dagegen bleiben die abgestorbenen und die konjugirten Zellen, insofern dieselben unverletzt sind, farblos.

Verwendung der entzogene Sauerstoff findet, nicht durch welche
Mittel er entzogen wird. In letzterer Beziehung liegen uns, wie
ich glaube, nur zwei Auswege vor. Entweder scheiden die Zellen
Stoffe aus, welchen die Reduction gelingt, oder sie bewirken die
Zersetzung durch eine wenn auch nur auf minimale Entfernung
vermittelte Störung des Gleichgewichts in Folge veränderter Bewegung der Moleküle und ihrer Theile. Im letzteren Falle wäre
es unmittelbar ein Gärungsvorgang, im ersteren wahrscheinlich
eine nächste Folge von Gärungsvorgängen. Denn nur durch
Gärungen bilden sich, soviel wir mit Sicherheit wissen, aus
lebenden Zellen eigentlich reducirende Stoffe wie Wasserstoff
und Schwefelwasserstoff, und nur Pilzzellen, welche Gärung bewirken, vermögen eine Lackmuslösung zu entfärben, während die
nicht gärtüchtigen Schimmelpilze sie unversehrt lassen. Die
Reduktion des Lackmus kann erst, wenn es sich um den mechanischen Vorgang der Gärung handelt, besprochen werden.

Die Entfärbung einer Lackmuslösung ist das einzige mir
bekannte sichere Beispiel, wo vielleicht eine unmittelbare chemische Wirkung von Pflanzenzellen nach aussen angenommen
und das dann als Analogie für die Vergärung des Zuckers
ausserhalb der Zellen benutzt werden könnte. Wir sind also
bezüglich dieser letzteren Frage ausschliesslich auf die Erscheinungen bei der geistigen Gärung selbst verwiesen. Ein scheinbar
hieher gehöriges, schon lange festgestelltes Faktum ist Folgendes.
Wenn eine Hefenzellen enthaltende und gärende Flüssigkeit
durch eine Membran von einer zuckerhaltigen Flüssigkeit, in
welcher sich keine Hefenzellen befinden, getrennt ist, so bleibt
in dieser die Gärung aus. Dies ist ein sicherer Beweis, dass
die Zerlegung des Zuckers nur in unmittelbarer Nähe der lebenden Zellen erfolgt und nicht etwa durch ein ausgeschiedenes, in
der Flüssigkeit sich vertheilendes Ferment bewirkt wird. Aber

es giebt uns keinen Aufschluss über die Frage, ob die Zerlegung innerhalb oder ausserhalb der Zellen geschehe. Denn wenn auch Letzteres der Fall sein sollte, so muss, theils wegen der Dicke der trennenden Membran, theils weil verhältnissmässig wenige Zellen dieselbe berühren, die Menge der jenseits der Membran freiwerdenden Gärprodukte (Alkohol und Kohlensäure) selbst hinter den durch Diosmose hindurchgehenden zurückbleiben und von denselben verdeckt werden.

Dagegen giebt es eine analoge Thatsache, welche einen bestimmten Anhaltspunkt für die Annahme einer Gärthätigkeit ausserhalb der Zelle zu geben scheint. Schon im Jahre 1853 machte ich die auffallende Beobachtung, dass das Fleisch verschiedener Früchte, welche in schwach geschwefelten Traubenmost gelegt wurden, einen deutlichen Anfang der geistigen Gärung zeigte, ehe in dem Most selbst eine Spur von Gärung bemerkbar wurde. Seitdem habe ich das Nämliche an den verschiedensten Früchten in verschiedenen Flüssigkeiten (Wasser, Zuckerwasser mit oder ohne Zusatz von schwach antiseptischen Stoffen, Quecksilber, — aber nicht in Oelen) beobachtet. Ich bemerke hiezu, dass bekanntlich die Sprosspilze, welche die zuckerhaltigen Beerenfrüchte und die aus denselben gepressten Säfte in Alkoholgärung versetzen, bloss äusserlich auf der Schale dieser Früchte und nicht im Innern des Gewebes sich befinden. Das Fleisch der Aepfel, Birnen, Trauben geräth nicht in Gärung, wenn man sorgfältig die Schalen entfernt, man mag dasselbe in eine Flüssigkeit legen oder in eine nach aussen abgeschlossene Atmosphäre von Luft bringen.

Ich habe ganz unversehrte Früchte zu den Versuchen ausgewählt, und ich habe durch die genaueste mikroskopische Untersuchung der gegorenen Früchte die Abwesenheit von Sprosshefezellen im Innern des Fleisches derselben festgestellt, während die letzteren oft in Menge sich auf der Haut befanden. Ich kann mir daher die Gärung im Innern dieser Früchte nur durch

die Annahme erklären, die Hefenzellen, die ausserhalb der Cuticula sich befinden, wirken zersetzend auf den Zucker in den
nächstliegenden Zellen ein, also auf eine Entfernung von $1/50$
bis $1/20$ mm.

Man wird mir wohl entgegnen, die eben angeführte Thatsache sei nichts anderes als die von mehreren, namentlich fran-
zösischen Beobachtern untersuchte und mit dem Namen der
spontanen oder Selbstgärung bezeichnete Erscheinung. Ohne
diese Selbstgärung leugnen zu wollen, möchte ich doch vermuthen, dass vielleicht ein Theil der ihr zugezählten Erscheinungen auf die von mir vorgeschlagene Weise zu deuten ist.
Dass in den von mir beobachteten Fällen nicht wohl Selbstgärung des Fruchtfleisches angenommen werden darf, muss ich
aus dem bereits erwähnten Umstande schliessen, dass das nämliche Fruchtfleisch, der Schale beraubt, unter sonst ganz gleichen
Umständen unverändert bleibt, und ferner aus dem Umstande,
dass die Erscheinungen wesentlich verschieden sind von der
wirklichen Selbstgärung[1]).

Ist meine Vermuthung gegründet, so lässt sich das verschiedene Verhalten reifer Früchte leicht erklären. Werden dieselben trocken aufbewahrt, so gären sie nicht, weil die auf der
Oberfläche befindlichen vertrockneten Hefenzellen nicht wirksam
werden. Das Nämliche ist der Fall, wenn man sie in fettes Oel

---

[1]) Brefeld (Landwirthschaftl. Jahrbücher 1876 S. 325) beschreibt das
Verhalten der Traubenbeeren bei der Selbstgärung in charakteristischer Weise.
Dasselbe ist mir wohl bekannt; ich habe es an Trauben, die in verschlossenem
Raume bei gewöhnlicher Temperatur und bei 0⁰ längere Zeit aufbewahrt wurden,
sowie an anderen Früchten seit langer Zeit wiederholt beobachtet. Allein
die Gärung, von der ich im Texte spreche, scheint mir durchaus davon verschieden. Nicht nur weicht Aussehen, Konsistenz und Geschmack der Früchte
gänzlich ab, sondern auch der Verlauf der Gärung ist ein anderer, indem
dieselbe viel rascher erfolgt und in die gewöhnliche Gährung übergehend
mit vollständiger Zerlegung des Zuckers endigt, während die Selbstgärung
sehr langsam verläuft, nur einen Theil des Zuckers zersetzt und nach den
Angaben von Brefeld Kohlensäure in sehr beträchtlichem Ueberschusse
erzeugt.

einschliesst. — Befinden sich die Früchte in feuchter Luft oder in einem verschlossenen, also ebenfalls feuchten, lufthaltigen Raum, so faulen sie meistens durch Schimmelbildung und die Gärung unterbleibt ganz oder tritt nur schwach und vorübergehend auf. Unter den angegebenen Umständen ist wegen des reichlich vorhandenen Sauerstoffs die Schimmelvegetation stärker als die Sprosspilzvegetation und verdrängt diese.

Legt man die Früchte in reines Wasser, so leben die vertrockneten Hefenzellen auf der Fruchtschale wieder auf und bewirken zunächst Gärung im Innern der Früchte, welche sich durch den stechenden Geschmack derselben, bei Kirschen und Trauben auch durch Gasblasen kundgiebt, die man mit blossem Auge unter der Schale bemerkt. Erst später, wenn nach längerem Liegen im Wasser Zucker aus den Früchten herausdiosmirt oder durch Platzen derselben heraustritt, beginnt Gärung in der Flüssigkeit. Man beobachtet oft das Gleiche, wenn Früchte in einer feuchten, sauerstoffarmen Atmosphäre liegen oder in Quecksilber eingeschlossen sind. — In zuckerhaltigem Wasser, das keine oder wenig Nährstoffe enthält, scheint die Gärung im Fruchtfleisch und in der Flüssigkeit gleichzeitig zu beginnen, aber sie wird jedenfalls in jenem früher bemerkbar. Denn die Früchte zeigen schon einen stechenden Geschmack, während das Zuckerwasser noch fade schmeckt. Dieser sehr auffallende Unterschied erklärt sich wohl einfach dadurch, dass die in den Früchten freiwerdende Kohlensäure in denselben wegen der unwegsamen Cuticula sich anhäuft, während die in der Flüssigkeit gebildete sich in derselben vertheilt und theilweise auch in die Atmosphäre verdunstet. — Wenn endlich die Früchte in einer zuckerhaltigen guten Nährlösung liegen, so wird die Gärung in der letzteren viel früher beobachtet als in der ersteren.

Ich gebe die Theorie, dass die geistige Gärung im Fleische unverletzter Früchte (nicht zu verwechseln mit der Selbstgärung) durch die auf der Fruchtschale sitzenden Hefenzellen geschehe,

nicht als eine exakt bewiesene Thatsache, sondern als eine durch
zahlreiche Beobachtungen sehr nahe gelegte Wahrscheinlichkeit.
Vollkommene Gewissheit muss erst aus fortgesetzten Versuchen
wo möglich mit neuer Methode und neuer Fragestellúng sich
ergeben.

Es giebt zwei andere Thatsachen im Gebiete der Gärung,
welche noch bestimmter als die soeben besprochene Erscheinung
eine Wirkung der Hefenzellen auf die umgebende Flüssigkeit
beweisen. Die eine ist die Essigätherbildung, bei welcher, wie
ich oben gezeigt habe (S. 22), Essigsäure und Alkohol in dem
nämlichen räumlichen Punkt gleichzeitig entstehen müssen. Dies
ist aber, da der Alkohol von den Sprosspilzen, die Essigsäure
von den Spaltpilzen erzeugt wird, nur dann möglich, wenn die
Gärthätigkeit nicht auf den Raum in der Zelle beschränkt ist,
sondern wenn die beiden unmittelbar neben einander liegenden
Pilze ausserhalb ihrer Membran der eine Alkohol, der andere
Essigsäure bildet.

Die zweite Thatsache, welche die Annahme fordert, dass die
mit der Gärung verbundene molekulare Bewegung auf die Flüssigkeit ausserhalb der Zelle sich verbreite, wird erst später besprochen werden. Sie besteht in dem schädlichen Einfluss, den
die energische Gärthätigkeit eines Pilzes auf die Ernährung und
das Wachsthum anderer in der nämlichen Flüssigkeit befindlichen
Pilze ausübt und der nur in einer molekularphysikalischen Bewegung gefunden werden kann, da eine chemische Aktion ausgeschlossen ist. Nach den vorliegenden Erfahrungen wäre in
diesem Falle die Entfernung, auf welche die Sprosshefenzellen
die Flüssigkeit beherrschen, wenigstens auf $1/40$ bis $1/30$ mm
anzuschlagen.

Die mechanische Wirkung der Hefenzellen auf die für molekulare Verhältnisse beträchtliche Entfernung von mindestens $1/30$
bis $1/50$ mm, wie sie übereinstimmend in den beiden genannten
Fällen angenommen werden muss, liesse sich in folgender Weise

denken. Bei der Gärung werden nach der molekularphysikalischen Theorie die Schwingungen der Plasmamoleküle, ihrer
Atomgruppen und Atome auf das Gärmaterial übertragen. Die
Uebertragung geschieht in der nämlichen Weise wie in allen
analogen Fällen, wie bei der Fortpflanzung der Licht- und Tonschwingungen, der Wärme und der Elektricität. Die Bewegungen
eines Moleküls rufen in dem nächsten gleichartige Bewegungen
hervor, diese in dem folgenden u. s. w. Von der Stärke der
Ursache im Verhältniss zu allen andern Ursachen, welche auf
die molekularen Bewegungen Einfluss haben, wird es abhängen,
wie weit diese Kette von Ursache und Wirkung sich in bemerkbarer
Weise geltend macht.

Es müssen also die Zuckermoleküle bis auf eine gewisse
Entfernung die Molekularbewegungen des lebenden Plasmas in
einer gewissen Intensität empfinden. Steigern sich die besonderen,
den Ausschlag gebenden Schwingungen in einem Zuckermolekül
bis zu einer bestimmten Höhe, so zerfällt dasselbe in Alkohol
und Kohlensäure. Es versteht sich, dass von hundert Molekülen
in der Zeiteinheit um so zahlreichere zerfallen, je näher sie sich
der Bewegungsursache, dem lebenden Plasma befinden, dass
aber wegen der verschiedenartigen Ortsbewegungen, welche die
in einer Flüssigkeit als Lösung vertheilten Moleküle ausführen,
und wegen der verschiedenen, theilweise entgegengesetzten Ursachen, die auf die Schwingungen Einfluss haben, unzersetzte
Zuckermoleküle überall bis ins Innere des lebenden Plasmas
vorkommen.

Wie in freier Flüssigkeit muss die Fortpflanzung auch durch
eine mit Zuckerlösung imbibirte Membran hindurch erfolgen,
und dies um so mehr, als voraussichtlich die Cellulosemoleküle
der Membran wegen analoger Zusammensetzung ebenso geeignet
sind, die die Gärung bedingenden Schwingungen fortzuleiten,
als die Zuckermoleküle selber. Die Zellmembran verhält sich
gegenüber der Gärungsbewegung ähnlich wie eine Fensterscheibe

gegenüber den Licht- und Schallwellen. Das Plasma der Hefenzelle zerlegt also nicht bloss die Zuckermoleküle, die mit ihm
in unmittelbare Berührung kommen, sondern auch solche, welche
in der Hefenzellmembran, und solche, welche zunächst ausserhalb derselben sich in der Gärflüssigkeit befinden. Und eine
Hefenzelle, die auf einer Fruchtschale aufsitzt, kann Zucker in
den äussersten Fruchtzellen zerlegen; denn auch hier verbindet,
abgesehen von den Cellulosetheilchen, eine ununterbrochene Reihe
von Zuckermolekülen das Hefenplasma mit der Inhaltsflüssigkeit
dieser Fruchtzellen. In den Hefenzellen ist nämlich, auch wenn
sie in einer zuckerfreien Flüssigkeit liegen, immer etwas Zucker
enthalten, somit auch in der Membran derselben, — und die
Cuticula einer süssen Frucht, die von Flüssigkeit oder feuchter
Luft umgeben ist, muss von einer wenn auch sehr verdünnten
Zuckerlösung durchdrungen sein.

Die anfänglich gestellte Frage: Findet die geistige Gärung
innerhalb oder ausserhalb der Hefenzellen statt? möchte ich
also folgendermassen beantworten. Die Gärungsursache befindet
sich in dem lebenden Plasma, also im Innern der Zelle, aber
sie wirkt ziemlich weit (wenigstens $1/50$ mm) über die Zelle hinaus. Die Zersetzung des Zuckers erfolgt zum geringeren Theil
innerhalb der Hefenzellen, zum grösseren Theil ausserhalb derselben. Letzteres aus folgenden Gründen. Da die Gärung in
einer die Zelle umgebenden Sphäre von Flüssigkeit thätig ist, so
muss die mit der Membran in Berührung kommende Zuckerlösung
schon erheblich verdünnt sein, so dass verhältnissmässig wenig
Zucker in die Zelle eindringt. In einer verdünnten Lösung aber,
besonders wenn dieselbe als Imbibitionsflüssigkeit eine feste Substanz (Zellmembran, Stereoplasma) durchdringt, wird eine viel
geringere Procentzahl von Molekülen zerfallen, besonders auch
weil dieselben durch andere Molekularanziehungen geschützt
sind; dagegen können dieselben bestimmte Bewegungszustände
fortpflanzen. Es ist selbst denkbar, dass die Zuckermoleküle in

einer Membran, nebst den Cellulosemolekülen derselben, bloss die Fortpflanzung der Gärungsbewegung ermitteln, selbst aber intakt bleiben.

Diese Theorie der theilweise extracellularen Vergärung gilt zunächst nur für die Hauptprodukte der Zersetzung, für Alkohol und Kohlensäure. Es bleibt vor der Hand unentschieden, wo die Nebenprodukte, Glycerin und Bernsteinsäure, entstehen; ich möchte vermuthen, dass sie innerhalb der Zelle sich bilden.

Wie mit der Alkoholgärung muss es sich auch mit allen anderen Gärungen verhalten. Die Hauptprodukte derselben: Milchsäure oder Buttersäure oder kohlensaures Ammoniak (aus Harnstoff) oder die Fäulnissstoffe (aus den Albuminaten resp. Peptonen) — entstehen zum Theil ausserhalb der die Zersetzung bewirkenden Spaltpilze, wodurch der schädliche Einfluss dieser Zersetzungsprodukte auf das Zellenleben vermindert wird.

Die mechanische Vorstellung des Gärprocesses und die damit verbundene Möglichkeit einer äusseren Vergärung haben eine besondere Bedeutung für die Oxydationsgärungen, wozu die Oxydation des Alkohols zu Essigsäure gehört. Es ist Thatsache, dass die lebenden Zellen der Essighaut Sauerstoff auf den Weingeist übertragen, während andere, an der Oberfläche von geistigen Flüssigkeiten lebende Pilzzellen und auch alle todten Pflanzenzellen dies nicht vermögen. Es dürfte schwer, wo nicht unmöglich sein, mit Hilfe der sonst bekannten Erscheinungen sich eine physiologische Vorstellung zu machen, in welcher Art und Weise eine lebende Zelle, die ihrer Natur nach den Sauerstoff bloss aufnimmt, um dafür Kohlensäure auszuscheiden, dazu kommt, selber Oxydation zu bewirken, während die grünen Zellen, welche Sauerstoff ausscheiden, dies nicht vermögen. Die bisherigen Gärungstheorien sind unfähig, das Räthsel zu lösen; denn die Fermenttheorie, die noch am ehesten im Stande wäre, die Aufgabe zu erfüllen, müsste für ihr Oxydationsferment ganz andere Eigenschaften in Anspruch nehmen, als sie die wirklichen bekannten Fermente besitzen.

Dagegen gestaltet sich die Erklärung mit Hilfe der mole-kular-physikalischen Gärungstheorie ziemlich einfach. Die spe-cifischen Bewegungszustände in dem lebenden Plasma der Essig-mutterzellen werden auf die in die Zellen eingedrungenen Alkohol- und Sauerstoffmoleküle übertragen und durch diese auf die ausserhalb der Zellen befindlichen Alkohol und Sauerstoff fortgepflanzt. Erreicht die Störung des Gleichgewichts in den Molekülen einen gewissen Grad, so tritt mit Hilfe der chemischen Affinität die Umsetzung ein. Ein Theil des Umsetzungsprocesses geschieht wohl innerhalb der Zellen, der grössere aber ausser-halb derselben.

Bei der Oxydationsgärung wird, wie bei den übrigen Gärun-gen, von einem bestimmten Hefenpilz eine bestimmte chemische Umsetzung bewirkt. Es giebt noch eine allgemeine Oxydation, die allen niederen Pilzen zukommt und sich auf eine grosse Zahl von organischen Verbindungen, wie es scheint auf alle löslichen, erstreckt. Mit Hilfe des freien Sauerstoffs werden dieselben vollständig verbrannt. Der mechanische Vorgang ist offenbar der nämliche wie bei der Essigbildung; nur ist die Bewegung, vermittelst welcher die Verbrennung durch Sauerstoff möglich gemacht wird, eine viel energischere; sie wirkt etwa so wie grosse Hitze.

Ich habe es oben unentschieden gelassen, ob die Entfärbung des Lackmus durch Spaltpilze ein Gärvorgang sei oder nicht. Wäre sie dies, so hätten wir auch eine Reduktionsgärung, die ganz in gleicher Weise zu erklären wäre wie die übrigen Gärungen. Die bis zum Plasmaschlauch vordringenden Lackmus-moleküle erleiden durch die Molekularbewegungen des Plasmas eine Störung im Gleichgewicht ihrer Theile, und da in dem Plasma ein Bedürfniss nach Sauerstoff vorhanden ist, mit anderen Worten, da es Verbindungen giebt, welche anziehend auf Sauerstoff einwirken, so wird dieser, in Ermangelung von freiem Sauerstoff, dem erschütterten Lackmusmolekül entzogen. Für sich (ohne Hilfe der Gärbewegung) wäre die Anziehung des Sauerstoffs durch das Plasma nicht hinreichend gross, um den Lackmus zu reduciren, denn die lebenden Schimmelpilzzellen vermögen, wie schon früher bemerkt wurde, dies nicht, und zwar eben desswegen, weil ihnen das Gärvermögen abgeht.

Es giebt eine andere Gärung, die gleichfalls in einer Reduktion besteht, aber rücksichtlich der mechanischen Bedingungen sich etwas anders zu verhalten scheint. Von Schlossberger und von Liebig wurde beobachtet, dass Wasserstoffsuperoxyd durch Hefe unter lebhafter Entwicklung von Sauerstoffgas zersetzt wird, dass aber der Zusatz eines Giftes (Blausäure) die zersetzende Wirkung aufhebt. Da Wasserstoffsuperoxyd eine leicht trennbare Verbindung ist, so genügt zur Spaltung desselben die molekulare Erschütterung durch das lebende Plasma, dessen Sauerstoffbedürfniss keine nothwendige Hilfe ist, wie sich aus dem reichlich frei werdenden Sauerstoff ergiebt.

Ein anderer Punkt, der die Theorie der Gärung nahe berührt, ist der bei dem Zerlegungsprocess erforderliche Kraftaufwand. Bei der Hefenwirkung, ebenso bei der Fermentwirkung, wird in der chemischen Bewegung eine Arbeit verrichtet. Die Einsicht in jene Wirkungen würde jedenfalls bedeutend gefördert, wenn wir eine Vorstellung von der Natur, der Grösse und dem Ursprung der dabei thätigen Kraft hätten.

Ueber diese Frage sind die entgegengesetztesten Ansichten ausgesprochen worden. Während Liebig gemeint hatte, dass die Zerlegung einer chemischen Verbindung (die Vergärung des Zuckers) eine grosse Kraftmenge in Anspruch nehme, welche durch die Zersetzung der Albuminate geliefert werde, sprach Hoppe-Seyler in neuester Zeit den ganz allgemeinen Satz aus,

4*

dass bei der Fermentwirkung, wohin er auch die Gärung zählt, „Körper entstehen von zusammen geringerer Verbrennungswärme als diejenigen Stoffe, aus denen sie gebildet sind". Nach der ersteren Ansicht wird bei der Gärung Wärme verbraucht, nach der zweiten frei; nach jener stellt der Kraftaufwand bei der Zersetzung einen positiven, nach dieser einen negativen Werth dar.

Die gegentheiligen Aussprüche der beiden Forscher haben einen vorzugsweise doktrinären Ursprung. Zum Voraus aber besteht weder eine Wahrscheinlichkeit für die eine noch für die andere Annahme, und eben so wenig dürfen wir von einem einzelnen Fall einen Schluss auf alle übrigen ziehen, da es sich ja um sehr verschiedenartige organische Verbindungen und um sehr verschiedenartige Zersetzungen derselben handelt. Es sollte also eigentlich für jeden einzelnen Fall festgestellt werden, ob Wärme frei oder gebunden wird, und soweit dies nicht geschehen ist, kann bloss von einem sicheren Fall auf möglichst gleichartige Processe geschlossen werden. Leider sind diese thatsächlichen Anhaltspunkte zur Zeit noch aufs äusserste beschränkt.

Was die eigentlichen Fermentwirkungen betrifft, so finden wir bei denselben nur einen einzigen Fall (die Invertirung des Rohrzuckers), bei welchem die Verbrennungswärmen ermittelt sind. Nach Frankland werden bei der Verbrennung von 1 g Rohrzucker 3348, bei der Verbrennung von 1 g Krümmelzucker (krystall.) 3277 Cal. frei. 1 g Rohrzucker entspricht 1,1053 krystall. Krümmelzucker (Traubenzucker); letztere aber liefern beim Verbrennen 3622 Cal. Also nimmt der Rohrzucker bei der Invertirung durch Fermente, insofern wir den Invertzucker in dieser Beziehung dem Traubenzucker gleich setzen dürfen[1]), Wärme auf und zwar im Verhältniss von 3348 zu 3622 oder von 100 zu 108.

---

[1]) Es ist wohl im höchsten Grade wahrscheinlich, dass der Invertzucker, der ein Gemenge nach gleichen Molekülen von Dextrose (Traubenzucker) und Levulose, also von zwei isomeren Verbindungen ($C_6H_{12}O_6$) ist, die gleiche oder nahezu die gleiche Verbrennungswärme giebt wie der eine Gemengtheil

Dass der Trauben- oder Krümmelzucker mehr gebundene Wärme enthält als die entsprechende Menge Rohrzucker, ergiebt sich auch aus der Vergleichung der specifischen Gewichte oder der aus denselben berechneten Molekularvolumen. Das Volumen eines Moleküls Rohrzucker ($C_{12}H_{22}O_{11}$) beträgt 213, das Volumen von 3 Molekülen Wasser (H_6O_3) 54, von 3 Molekülen Eis 58,3, zusammen 267, resp. 271,3. Das Volumen von 2 Molekülen krystallisirten Traubenzuckers ($C_{12}H_{28}O_{14}$) beträgt 283,6. Also steht das Volumen des Rohrzuckers sammt dem aufgenommenen Wasser im Vergleich mit der entsprechenden Menge Traubenzucker im Verhältniss von 267 zu 283,6 oder von 100 zu 106, resp. von 271,3 zu 283,6 oder von 100 zu 104,5. Bei der Mischung zweier Flüssigkeiten wird mit der Verdichtung Wärme frei, mit der Verdünnung oder Volumenzunahme Wärme gebunden. Die nämliche Regel dürfte auch in andern Fällen um so eher Giltigkeit haben, je weniger der chemische Charakter beim Uebergang in den andern Zustand sich verändert. Die nahe chemische Verwandtschaft zwischen Rohrzucker und Invertzucker lässt es daher als sehr plausibel erscheinen, dass die Volumenzunahme bei der Invertirung unter Aufnahme von Wärme von statten gehe.

Die Verbrennungswärme und die Volumenveränderung geben also das übereinstimmende Resultat, dass die Fermentwirkung auf den Zucker mit einer Steigerung der potentiellen Energie verbunden ist. Ausserdem giebt es keinen Fall von Fermentwirkung, wo wir aus Erfahrung etwas über die Veränderung der gebundenen Wärmemengen wissen, weil weder die Verbrennungswärmen noch die specifischen Gewichte vor und nach dem Process bekannt sind. Die Verbrennungswärme des Holzes und die specifischen Gewichte des Stärkemehls und Gummis können nicht zur Vergleichung mit Zucker benutzt werden; die erstere ist für

---

desselben, und dass gegenüber dem Rohrzucker ($C_{12}H_{22}O_{11}$) im Wesentlichen die gleiche Verschiedenheit besteht.

Cellulose zu gross, weil das Holz ausserdem noch kohlenstoff-
reichere Verbindungen enthält; die letzteren aber sind wegen
der micellaren Struktur von Stärke und Gummi zu gering.

Zur Beurtheilung der Fermentwirkung haben wir nur das
einzige Beispiel der Umwandlung von Rohrzucker in Invertzucker.
Es dürfte einige Wahrscheinlichkeit dafür bestehen, dass diejenigen Fermentwirkungen, wo ebenfalls ein Molekül in zwei
ihm ähnlich gebaute Moleküle unter Wasseraufnahme zerfällt,
sich übereinstimmend verhalten, dass also, wie bei der Invertirung des Zuckers, auch bei der Umwandlung von Cellulose,
Stärke, Pflanzenschleim, Gummi und Dextrin in gärungsfähigen
Zucker, ebenso bei der Umwandlung der Albuminate in Peptone
Wärme verbraucht wird.   Dagegen lässt sich aus der Invertirung des Zuckers kein Schluss auf die Zerlegung der Glykoside
herleiten.

Ueber den Ursprung der bei der Fermentwirkung aufgenommenen Spannkraft kann kein Zweifel obwalten.   Dieselbe
kann — da die Fermente (Diastase, Pepsin, Emulsin, Invertin etc.),
so viel wir wissen, gleich den analog wirkenden unorganischen
Kontaktsubstanzen (Wasser, Säuren, Alkalien), bei ihrer Arbeit
keine Zersetzung erfahren — nur von der umgebenden freien
Wärme entnommen werden.

Die Uebertragung ist leicht verständlich, wenn die Kontaktwirkung in der Art stattfindet, wie ich oben wahrscheinlich zu
machen suchte.   Von dem Ferment gehen gewisse Schwingungszustände auf die zu zerlegende Verbindung über. Dadurch werden diese Schwingungen im Ferment selbst geschwächt, und da
ihre Intensität in Folge dessen nicht mehr der umgebenden
Temperatur entspricht, so wird freie Wärme von den Ferment-
molekülen aufgenommen und damit die frühere Schwingungs-
intensität wiederhergestellt. Die Kontaktsubstanz vermittelt also
bloss die Uebertragung von Kraft; sie verwandelt die freie Wärme
des Mediums, in dem sie sich befindet, in Bewegung ihrer Mole-

küle und ihrer Theile, und theilt diese Spannkraft wieder den Molekülen der zu zerlegenden Verbindung mit.

———————

Was die Hefenwirkungen betrifft, so können wir die Veränderung in der Menge der gebundenen Wärme bei der geistigen Gärung ziemlich genau ermitteln und ursächlich nachweisen. Für dieselbe hat Liebig[1]) die Behauptung aufgestellt, dass zur Zerlegung des Zuckers Wärme oder Kraft verbraucht werde. Um dies zu beweisen, stützte er sich auf eine Berechnung, wonach der aus einer bestimmten Menge von Rohrzucker gebildete Alkohol beim Verbrennen eine grössere Anzahl von Wärmeeinheiten gebe als jene Zuckermenge, wozu noch die bei der Gärung frei werdende Wärme hinzukomme. Der ziemlich beträchtliche Ueberschuss werde durch die Arbeit der Hefe und zwar durch die Albuminate derselben geliefert.

Wenn dies richtig wäre, so stünde es im Widerspruch mit der ganz sicheren physiologischen Thatsache, dass das Gärgeschäft für die Ernährung und das Wachsthum der Hefe förderlich ist, einer Thatsache, auf die ich nachher noch zurückkommen werde. Müsste die Hefenzelle für die Zerlegung des Zuckers Kraft aufwenden, so könnte sie aus derselben keine Kraft entnehmen.

Der Widerspruch klärt sich dadurch auf, dass in die Berechnung Liebig's sich zwei Fehler eingeschlichen haben. Der eine, auf den auch schon von anderer Seite hingewiesen wurde, besteht darin, dass die Verbrennung des festen Zuckers mit derjenigen des flüssigen Alkohols verglichen wurde. Dies ist aber unstatthaft, weil der vergärende Zucker gelöst (also im flüssigen Zustande befindlich) ist und weil bei der Verbrennung des festen Zuckers eine gewisse Zahl von Wärmeeinheiten aufgebraucht wird, um denselben zu schmelzen, welche (noch

———————

[1]) Sitzungsberichte der k. bayer. Akademie der Wissenschaften 1869, II, 427.

unbekannte) Zahl zu der Verbrennungswärme hinzuaddirt werden muss.

Der andere Umstand, welcher hätte berücksichtigt werden sollen, ist der, dass in dem Beispiel, welches zu der Berechnung Veranlassung gab, die Verbrennungswärme des Alkohols sehr wahrscheinlich mit derjenigen des Traubenzuckers und nicht mit derjenigen des Rohrzuckers zu vergleichen ist. Indem die Rechnung von der Verbrennungswärme des Rohrzuckers ausging, giebt sie uns nicht das Resultat der Alkoholgärung, sondern das vereinigte Resultat zweier Processe, der Fermentwirkung, welche den Rohrzucker invertirt, und der Hefenwirkung, welche den invertirten Zucker in Alkohol und Kohlensäure spaltet.

Die richtige Berechnung müsste also die Spannkraft des gelösten Traubenzuckers (nicht die des festen Rohrzuckers) in Ansatz bringen. In dieser Weise kann sie aber noch nicht ausgeführt werden, weil die Wärmemenge, welche erforderlich ist, um den Zucker aus dem festen in den gelösten (flüssigen) Zustand überzuführen, erst noch ermittelt werden muss.

Es giebt aber eine andere Betrachtung, welche uns ganz unzweifelhaft die Unrichtigkeit der Liebig'schen Annahme beweist, und welche uns zeigt, dass nicht aus der Hefe, sondern aus dem vergärenden Zucker eine bedeutende Menge von Spannkraft frei wird. Dieselbe besteht in dem Zusammenhalte folgender zwei Thatsachen: dass während des Gärgeschäftes die Hefe ihre Substanz und damit die Menge ihrer gebundenen Wärme vermehrt, und dass trotzdem die Temperatur der Gärflüssigkeit bis um 10 und mehr Grade erhöht wird.

Dank den Untersuchungen Pasteur's kennen wir die substanziellen Veränderungen bei der Gärung genau. Wenn man reines Zuckerwasser (ohne Nährstoffe) mit Hefe vergären lässt, so werden 99% des Zuckers in Gärprodukte zerlegt (100 Rohrzucker werden zu 105,26 Invertzucker und geben 51,11 Alkohol,

49,42 Kohlensäure, 0,67 Bernsteinsäure und 3,16 Glycerin). 1°/₀ des Zuckers wird zur Ernährung der Hefenzellen verwendet. Wir finden in der vergorenen Flüssigkeit die organischen Verbindungen, aus denen die Hefe vor der Gärung bestand, mit geringer Veränderung wieder. Das Trockengewicht derselben hat sich um so viel vermehrt, als Zucker der Gärung entzogen wurde (1% der ganzen Zuckermenge). Aber die organischen Verbindungen sind nicht mehr vollständig Baumaterial der Hefenzellen; ein Theil befindet sich, von den Zellen ausgeschieden, in der Flüssigkeit gelöst. Bezeichnen wir die organischen Stoffe, welche die Hefe zusammensetzen und die von ihr ausgeschieden wurden, als Hefensubstanz, so hat sich der Stickstoffgehalt der letzteren während der Gärung nicht verändert und die stickstoffhaltigen Verbindungen selbst haben nur eine geringe Modifikation erfahren. Sie waren vorher fast ausschliesslich als Albuminate in den Zellen, und sie sind nachher noch zum grössten Theil als Albuminate in denselben, zum kleineren Theil als Peptone und Eiweiss in der Flüssigkeit. Eine geringe Menge (höchstens 1 — 2°/₀) hat sich in Leucin und andere Verbindungen, unter denen aber das Ammoniak mangelt, zersetzt[1]). Die stickstofflosen Verbindungen waren vor der Gärung fast ausschliesslich als Cellulose in der Membran, und wir finden sie nachher in der Zunahme, die sie durch den Zucker erfahren haben, als Cellulose in der Membran und als Pflanzenschleim in der Flüssigkeit.

Diese Thatsachen zeigen uns klar, dass die gebundene Wärme der Hefensubstanz während der Gärung eine der Gewichtszunahme

---

[1]) Ich verweise auf die frühere Mittheilung (Sitzungsber. der k. bayer. Akademie der Wissenschaften vom 4. Mai 1878) und auf die später in dieser Abhandlung folgende, in welchen beiden nachgewiesen wird, dass die Hefenzellen Peptone und Eiweiss ausscheiden, sowie auf die Anmerkung (S. 8), in welcher ich zeigte, dass das von Liebig bei der Selbstgärung von Bierhefe beobachtete Leucin nicht direkt aus den Sprosshefezellen, sondern aus den durch dieselben ausgeschiedenen und in Fäulniss übergegangenen Stoffen herstammte.

entsprechende Vermehrung zeigen muss. Vergleichen wir aber
die Hefensubstanz vor der Gärung sammt dem Zucker, welchen
sie zur Ernährung aufnimmt, mit der Hefensubstanz nach der
Gärung, so kann die gebundene Wärme nur in ganz unbedeutendem Grade sich verändert haben, und es lässt sich nicht
einmal angeben, ob diese Veränderung eher eine Abnahme oder
eine Zunahme sein möchte. Die stickstoffhaltigen Verbindungen
dürften, da sich ein Theil der Albuminate in Peptone umwan-
delte, eher freie Wärme aufgenommen, die stickstofflosen dagegen,
da Traubenzucker in Cellulose und Pflanzenschleim überging,
eher Wärme abgegeben haben. Immerhin ist die Wärmeabgabe
oder die Wärmeaufnahme, welche die Hefensubstanz sammt ihren
Nährstoffen während der Gärung erfährt, so gering, dass sie
neben der übrigen Verminderung der gebundenen Wärmemenge
ganz verschwindet.

Diese Verminderung wird angezeigt durch die Temperaturerhöhung der gärenden Flüssigkeit und ferner durch die Verdunstung von Wasser und Kohlensäure. Dubrunfaut[1]) hat
die bei der Gärung erzeugte Wärme bei einem Versuche mit
21400 l einer Flüssigkeit, welche in einem Bottich aus Eichenholz
sich befand, 2559 kg Rohrzucker enthielt und im Verlauf von
4 Tagen vergor, berechnet. Die ursprüngliche Temperatur von
23,7° C. stieg während dieser Zeit auf 33,75°; die wirkliche Temperaturerhöhung betrug aber, da die Abkühlung in dem umgebenden Raum, dessen Temperatur zwischen 12 und 16° schwankte,
auf 4° geschätzt wird, 14,05°.[2]) Es wurden 1181 kg Alkohol
von 15° und 1156 kg Kohlensäure gebildet. Dubrunfaut giebt
folgende Berechnung:

---

[1]) Erdmann: Journ. f. prakt. Chemie Bd. 69 (1856) S. 444. — Compt.
rend. 1856 (Nr. 20) S. 945.

[2]) „L'élévation de température de toute la masse eût donc été de 14,05°
au lieu de 10,05°, si la cuve avait été à l'abri du refroidissement."

Temperaturerhöhung von 21 400 kg Flüssigkeit um 14,05° . . . . 300 670 Cal.

Von dem Holze aufgenommen . . . . . 7 280 „

1156 kg CO_2, entwickelt bei der mittleren
Temperatur von 24° . . . . 6090 „

19 236 kg verdunstetes Wasser ($\times$ 565) . 10 869 „
_____
324 915 Cal.

Diese Ansätze werden beinahe gänzlich ohne erklärende Begründung hingestellt. Was den ersten und grössten betrifft, so
wurde die Wärmekapacität der gärenden Flüssigkeit gleich der
des nämlichen Volumens Wasser angenommen. Dies ist jedenfalls
nicht ganz genau. Anfänglich sind in 21 400 l Lösung 2559 kg
Rohrzucker, also in 100 l Lösung 11,96 kg Rohrzucker und nach
der Invertirung 12,59 kg wasserfreier Traubenzucker enthalten.
Da die specifische Wärme von Traubenzuckerlösungen nicht bekannt ist, so müssen wir das Verhalten der Rohrzuckerlösungen
unserer Betrachtung zu Grunde legen. Eine Flüssigkeit mit
11,96 kg Rohrzucker in 100 l stellt nahezu eine 11,5 proc. Lösung
dar mit einem spec. Gewicht von 1,0467 und einer spec. Wärme
von 0,928. Die 21 400 l Flüssigkeit enthalten vor der Gärung
19 800 kg Wasser und 2559 kg Rohrzucker mit einem Gesammtgewicht von 22 359 kg. — Nach der Gärung sind noch 19 780 kg
Wasser und 1181 kg Alkohol vorhanden; das Gesammtgewicht
beträgt 20 961 kg. In 100 Gewichtstheilen Lösung sind 5,6 Gewichtstheile Alkohol enthalten (Dubrunfaut giebt 6,9 Volum-
procente an, was das Nämliche ist). Das specifische Gewicht von
5,6 gewichtsprocentigem Alkohol ist bei 20° C. 0,9885 und bei
30° C. 0,9858 und die specifische Wärme 1,0175.

Die gärende Flüssigkeit ändert fortwährend ihre chemische
Zusammensetzung und ihre Wärmekapacität. In dem vorliegenden
Falle hätte es zur Temperaturerhöhung um 1° C.

vor der Gärung 22 359 $\times$ 0,928 = 20 750 Cal.

nach der Gärung 20 960 $\times$ 1,0175 = 21 327 „

bedurft, und die ganze Erhöhung um 14,05° erforderte für
die ursprüngliche Zuckerlösung 291538 Cal., für die schliessliche
Alkohollösung 298578 Cal.

Die Berechnung eines mittleren Werthes aus diesen Zahlen
würde aber aus zwei Gründen unstatthaft sein. Einmal ist zu
berücksichtigen, dass die bekannte specifische Wärme nur für
gleichbleibende Konstitution der Lösungen gilt. Wir wissen nicht,
wie viel die specifische Wärme einer Flüssigkeit beträgt, deren
Zuckergehalt im Abnehmen, deren Alkoholgehalt im Zunehmen
begriffen ist; wir kennen nicht die Differenz in der gebundenen
Wärmemenge einer Zuckerlösung und einer Alkohollösung von
gleicher Temperatur.

Ferner wurde bei dem vorliegenden Versuche der Rohrzucker
invertirt, was mit einer beträchtlichen Wärmeabsorption verbunden
ist. Wenn wir uns auf die Verbrennungswärme des Krümmel-
zuckers von Frankland verlassen dürfen, so werden bei dem
Uebergang von 1 kg Rohrzucker in Invertzucker 101 Cal. aufgenommen; dies gäbe für 2559 kg Rohrzucker 258459 Cal. —
Die Invertirung fällt im Allgemeinen mit der Gärung zusammen,
und es wird die für die erstere erforderliche Wärmemenge von
der letzteren geliefert. In dem fraglichen Versuche aber musste
sie zum Theil der Gärung vorausgehen, denn da die vollständige
Vergärung schon in 4 Tagen erfolgte, so müssen wir annehmen,
dass eine ziemlich grosse Menge von Hefe zugesetzt wurde. Es
ist also wahrscheinlich, dass die Flüssigkeit im Anfange keine
Wärme nach aussen abgegeben, sondern eher solche aufgenommen
hat, und dass die auf 4° geschätzte Abkühlung eine zu grosse
Ziffer darstellt und dass damit auch die mit 14,05° in Rechnung
gebrachte Temperaturerhöhung zu hoch gegriffen ist.

Während mir der aus der Wärmekapacität berechnete Ansatz
zu gross erscheint, möchte ich den für die Verdunstung der
Kohlensäure eingesetzten für zu gering halten, obgleich als Ver-
dunstungstemperatur, statt der Anfangstemperatur von 24°, wohl

richtiger die bis auf 33,75° steigenden Temperaturen zur Berechnung benutzt werden, da ja die Erwärmung auf diese Temperaturen schon bei dem Ansatz für die Wärmekapacität zur Geltung kam. Nach Thomsen[1]) beträgt der Koëfficient der Wärmeeinheiten, welche frei werden, wenn 1 Molekül CO_2 bei 18° C. von Wasser absorbirt wird, 5880, was für die Gewichtseinheit 133,64 W. E. giebt. Die Verdunstung von 1 kg Kohlensäure verlangt also 133,64 Cal. und die Verdunstung von 1156 kg Kohlensäure verlangt 154 168 Cal. bei einer Temperatur von 18° C. Diese Summe wird zwar in dem fraglichen Gärungsversuch, wo die Entwicklung der Kohlensäure bei einer von 24° bis zu 33,75° steigenden Temperatur vor sich ging, etwas geringer, allein sie muss immerhin den Ansatz von 6096 Cal. um ein Vielfaches überschreiten.

Wenn auch die Ansätze von Dubrunfaut im Einzelnen angefochten werden können, so lassen sich doch, aus Mangel an experimenteller Erfahrung, statt derselben keine bestimmten Summen anschreiben, und da die einen Ansätze zu hoch, die anderen zu niedrig gegriffen sind, so mag die Gesammtsumme doch nicht allzuweit von der Wirklichkeit entfernt sein.

Da die Gärung nicht im luftleeren Raum, sondern unter dem Drucke einer Atmosphäre geschah, so wurde eine gewisse Menge von Wärme dazu verwendet, um den mechanischen Widerstand, der sich der Entwicklung des Kohlensäuregases und des Wasserdampfes entgegensetzte, zu überwinden. Dubrunfaut hat diese mechanische Arbeit für die Kohlensäure auf 14 535 Cal. angeschlagen, wodurch die Gesammtsumme der bei dem fraglichen Gärungsversuch erzeugten Wärme auf 339 450 Cal. steigt.

Hieraus berechnet sich, dass bei der Vergärung von 1 kg Rohrzucker oder von 1,0526 kg Traubenzucker, wobei 0,51 kg Alkohol entstehen, 146,6 Cal. erzeugt werden.

---

[1]) Ber. d. deutsch. chem. Ges. 1873 S. 713. u. 1536.

Kehren wir nun zu unserer eigentlichen Frage zurück, so ist ohne Weiteres klar, dass die beträchtliche Wärmeerzeugung bei der Alkoholgärung nicht von der Hefe hergeleitet werden kann. 100 g Zucker lassen sich durch 1 g Hefe während längerer Zeit vergären. Wendet man 2 g Hefe an, so wird dazu weniger Zeit erfordert. Pasteur hat für diese Menge die Hefenprodukte und die Gewichtszunahme der Hefensubstanz festgestellt; in der letzteren ist, wie ich bereits angeführt habe, die Menge der gebundenen Wärme während der Gärung ziemlich unverändert geblieben. Würde aber die Hefe vollständig verbrennen, so dass sie ohne Rest in Kohlensäure, Wasser, Stickstoff und Aschenbestandtheile sich auflöste, würde also ihre ganze Spannkraft frei, so wäre damit nur etwas mehr als die Hälfte der bei der Gärung erzeugten Wärme und wenig mehr als $1/5$ des Kraftaufwandes gedeckt, welchen Liebig ihren Albuminaten zuschrieb [1].

Ich muss zwar beifügen, dass Liebig sich dieser Folgerung bewusst war und dass er ihr durch die Theorie ausweichen wollte, in den Albuminaten sei eine viel grössere Menge von Spannkraft enthalten, als durch die Verbrennungswärme angezeigt werde [2]. Es ist überflüssig, auf diese mit der Erhaltung der

---

[1] 1 kg Rohrzucker vergärt durch 0,02 kg Hefe. Dabei werden 146,6 Cal. erzeugt, während die Verbrennung der Hefe, wenn dafür die höchsten Ansätze gemacht, nämlich Cellulose und Pflanzenschleim höher als Zucker und alle stickstoffhaltigen Verbindungen sammt den nicht bestimmbaren Extraktivstoffen als Albuminate gerechnet werden, bloss 85,38 Cal. giebt.

Cellulose und Pflanzenschleim	$0,0074 \times 3500 =$	25,90 Cal.
Fett	$0,0010 \times 9500 =$	9,50 „
Albuminate	$0,0102 \times 4900 =$	49,98 „
Asche	0,0014	— „
	0,0200	85,38 Cal.

[2] Diese Theorie (Sitzungsberichte der k. bayer. Akademie der Wissenschaften 1869, II, 430) wird durch die nämliche fehlerhafte Beweisführung begründet, wie oben diejenige über die Arbeitsleistung der Hefe, indem die Verbrennungswärmen zweier Körper in verschiedenen Aggregatzuständen ohne Korrektur verglichen werden. Aus der Thatsache, „dass 1 g Kohle im Cyan

Kraft im Widerspruche stehende Annahme einzutreten. Wenn die Spannkraft des Eiweisses sammt der Spannkraft des zur Verbrennung nothwendigen Sauerstoffes nicht in der Summe der Spannkräfte der Verbrennungsprodukte (Kohlensäure, Wasser, Stickstoff) sammt der freigewordenen Wärme enthalten wäre, so müsste der Ueberschuss zu Nichts geworden sein.

Es ist also unbestreitbar, dass die bei der geistigen Gärung frei werdende potentielle Energie entweder gänzlich oder bis auf eine verschwindend kleine Menge aus dem sich zersetzenden Gärungsmaterial stammt, nach der Gleichung: Die erzeugte Wärme ist gleich der Spannkraft des vergorenen Zuckers weniger der Spannkraft des gebildeten Alkohols (und derjenigen der Nebenprodukte). Wäre die Berechnung der erzeugten Wärme von Dubrunfaut in ihren numerischen Ansätzen unanfechtbar, so liesse sich mit Hilfe der Gleichung die Schmelzwärme des Zuckers bestimmen. Immerhin kann jetzt schon mit Sicherheit angenommen werden, dass diese Schmelzwärme im Vergleich mit Mineralsalzen einen sehr beträchtlichen Werth erreicht [1]). Die experimentelle thermochemische Feststellung der Wärmetönungen bei den verschiedenen die Gärung betreffenden Vorgängen wäre im hohen Grade wünschenswerth.

Von den übrigen Gärungen giebt uns nur die Buttersäuregärung des Traubenzuckers einigen Anhalt für die Veränderung

---

43 % mehr Wärme entwickelt als 1 g Kohlenstoff", folgt nicht, dass man „den Wirkungswerth stickstoffhaltiger Körper, als Kraftquellen, nicht nach der Anzahl der Wärmeeinheiten beurtheilen dürfe, die sie bei direkter Verbrennung entwickeln", sondern nur, dass es einer bedeutenden Wärmemenge bedarf, um den festen Kohlenstoff in den gasförmigen Zustand überzuführen, wobei übrigens auch noch die Wärmetönung bei der Dissociation des Cyans in Anschlag zu bringen ist.

[1]) Aus der Vergleichung der bei der Gärung erzeugten Wärme nach Dubrunfaut und der Verbrennungswärme des Zuckers nach Frankland berechnet sich die Schmelzwärme des Traubenzuckers zu 200 Cal. oder mehr (je nach dem Betrag der Verbrennungswärme des Alkohols), die Schmelzwärme des Rohrzuckers sammt der Invertirungswärme zu 300 Cal. oder mehr.

der gebundenen Wärmemenge, weil die Verbrennungswärmen der beiden Verbindungen bekannt sind. Allerdings wissen wir nicht ganz sicher, wie die Spaltung der Zuckermoleküle erfolgt. Ohne Zweifel ist die Annahme der Gärungschemiker, dass 1 Mol. Traubenzucker sich in 1 Buttersäure, 2 Kohlensäure und 4 Wasserstoff spalte, für gewisse Verhältnisse richtig. In andern Fällen findet, wie ich glaube, eine Zerlegung in Buttersäure, Kohlensäure und Wasser statt, wobei auf 1 Mol. Buttersäure 1 Mol. CO_2 entsteht; denn die Gasentwicklung ist viel weniger beträchtlich, als sie es nach der ersten Zersetzungsformel sein müsste, und das entweichende Gas besteht bloss aus Kohlensäure. Für diese Fälle nun ist es sicher, dass mit der Gärung eine bedeutende Erzeugung von Wärme verbunden sein muss, weil die Verbrennungswärme sammt der Schmelzwärme des Zuckers die Verbrennungswärme der Buttersäure übersteigt.

Der Traubenzucker kann auch zuerst in Milchsäure sich spalten und dann die Milchsäure zu Buttersäure vergären. Es ist sehr wahrscheinlich, dass die gebundene Wärme der Milchsäure einen Zwischenwerth zwischen Zucker und Buttersäure darstellt und dass, wenn auf die Milchsäuregärung des Zuckers die Buttersäuregärung der Milchsäure folgt, in zwei Malen die Wärmemenge frei wird, die bei der Buttersäuregärung des Zuckers auf einmal sich entwickelt. Uebrigens zerfällt der Invertzucker nicht glattweg in 2 Milchsäuremoleküle; es findet daneben noch eine andere Zersetzung des Zuckers statt, wie die stets vorhandene Entwicklung von Kohlensäure beweist. Dadurch kann die Menge der bei der Milchsäurebildung erzeugten Wärme nur vermehrt werden.

Bei der Beurtheilung der Fermentwirkung habe ich aus dem Umstande, dass eine Volumenzunahme eintritt, auf die Wahrscheinlichkeit einer Wärmeaufnahme geschlossen, weil die in einander übergehenden Verbindungen den nämlichen Charakter und die nächste chemische Verwandtschaft besitzen. Bei den

Gärungsprocessen ist eine solche Folgerung nicht mehr am Platze, da die entstehenden Verbindungen stets eine wesentlich geänderte Konstitution zeigen. Es scheint selbst hier in der Regel das Gegentheil von dem, was man vielleicht erwarten möchte, einzutreten, nämlich zugleich Volumenzunahme und Wärmeabgabe. Alkohol und Kohlensäure nehmen ein grösseres Volumen ein als Zucker, wenn alle drei Verbindungen auf den flüssigen Zustand reducirt werden. Vergleicht man Zucker, ferner Milchsäure, endlich Buttersäure, Kohlensäure und Wasser, also drei auf einander folgende Stufen der Gärung mit einander, so entspricht jede folgende Stufe bei geringerer latenter Wärme einem grösseren Volumen.

Es ist dies vielleicht eine Erscheinung, die allen oder wenigstens den meisten Gärvorgängen zukommt. Bei denselben werden einfachere Verbindungen gebildet, unter denen sich sehr häufig Säuren befinden. Den Säuren aber scheint die Eigenthümlichkeit zuzukommen, dass sie, mit indifferenten Verbindungen verglichen, bei grösserem Volumen eine geringere Menge von gebundener Wärme enthalten. Am ausgezeichnetsten ist dies Merkmal bei der Kohlensäure ausgeprägt; selbstverständlich sind gleiche Aggregatzustände bei gleicher Temperatur zu vergleichen.

Es ist wahrscheinlich, dass mit der Bildung von CO_2 immer eine bedeutende Volumenzunahme der Zersetzungsprodukte, aber auch eine bedeutende Abgabe von Wärme verbunden ist, wie dies ganz auffallend bei der Alkoholgärung hervortritt, wo trotz der hohen Verbrennungswärme des Alkohols die Kohlensäurebildung doch eine Verminderung der gebundenen Wärme in den gesammten Gärprodukten bedingt. Da nun wohl bei allen Gärprocessen sich Kohlensäure entwickelt, so dürften auch alle diese Processe mit der Alkoholgärung und Buttersäuregärung darin übereinstimmen, dass sie Wärme entbinden.

Wenn diese meine Vermuthung begründet ist, so bekämen wir zu den früher festgestellten physiologischen und chemischen

Verschiedenheiten zwischen Fermentwirkung und Hefenwirkung (Gärung) noch den neuen Unterschied, dass bei der ersteren Wärme gebunden, bei der letzteren Wärme entbunden wird, dass bei der ersteren Verbindungen mit vermehrter, bei der letzteren solche mit verminderter Spannkraft entstehen. — Dass die Bildung von Spaltungsprodukten mit geringerer Verbrennungswärme in der That ein der Gärthätigkeit allgemein zukommender Charakter ist, geht auch aus dem Umstande hervor, dass dabei immer chemisch weniger resistente Verbindungen in solche mit grösserer Widerstandsfähigkeit zerlegt werden. Die gärungsfähigen Säuren werden durch Hitze, durch Alkalien oder durch Säuren leichter angegriffen, während die nicht mehr gärenden Endprodukte (Essigsäure etc.) eine grosse Festigkeit besitzen.

Man könnte geneigt sein, aus der Thatsache, dass bei der Gärung aus dem Gärmaterial Spannkraft frei wird, den Schluss zu ziehen, dass eine gärende Verbindung gleichsam von selbst zerfalle und dass die Hefe dabei überflüssig sei. Dies wäre unrichtig; die lebenden Zellen müssen bei dem Zersetzungsgeschäft eine gewisse Kraft, mag dieselbe auch noch so gering sein, aufwenden, wie sich aus dem Umstande ergiebt, dass ohne lebende Hefenzellen die Gärung nicht beginnt und dass sie in jedem Augenblick durch Tödtung der Zellen unterbrochen werden kann.

Den Vorgang können wir uns etwa durch folgendes Beispiel deutlich machen. Der Stein, welcher auf einem Berge liegt, stellt eine beträchtliche Summe von potentieller Energie dar, — eine Summe, die gleich ist der Kraft, welche erfordert wird, um ihn auf den Berg zu heben. Rollt er hinunter, so leistet er durch seinen Fall eine jener Kraftsumme entsprechende Arbeit. Er kommt aber nicht von selbst ins Rollen; es bedarf dazu eines geringen Anstosses; vielleicht genügt die Hand eines Kindes. Ein Quantum Zucker ist einer Menge solcher Steine zu vergleichen. Die Hefe muss fortwährend die Anstösse geben, um die in einer grösseren oder kleineren Gruppe von Zuckermolekülen angehäufte Spannkraft auszulösen.

Diese Anstösse brauchen nur schwach zu sein. Man hat zwar gesagt, um den Zucker als eine relativ widerstandsfähige chemische Verbindung in Alkohol und Kohlensäure zu zerlegen, bedürfe es einer sehr bedeutenden Kraft. Es ist allerdings wahr, dass diese Zersetzung durch die eingreifendsten chemischen Mittel (Säuren, Alkalien u. s. w.), durch Hitze, Licht, Elektricität, auch durch mechanische Gewalt (Erschütterung) nicht möglich ist. Damit wird aber nicht ausgeschlossen, dass nicht ein specifisches Mittel sie mit Leichtigkeit vollbringe. Ich möchte, um mich noch einmal eines Beispiels zu bedienen, ein Zuckermolekül (und überhaupt das Molekül einer komplicirten chemischen Verbindung) einer Nuss vergleichen. Dieselbe widersteht einem grossen Druck, wird aber durch ein in die Naht eingeführtes Messer ohne Mühe geöffnet. Das Zuckermolekül hat gleichsam verschiedene solcher Nähte, wo es mit dem allergeringsten Kraftaufwand gespalten werden kann, bei der einen in Alkohol und Kohlensäure, bei der anderen in zwei Milchsäuremoleküle, bei noch einer anderen in Mannit und Kohlensäure.

Bei den Gärungen handelt es sich um ganz bestimmte, um specifisch verschiedene Eingriffe. Nehmen wir beispielsweise an, dieselben bestehen bloss in bestimmten Schwingungszuständen der gärungserregenden Moleküle und ihrer Komponenten, so wäre nach der verschiedenen Schwingungsdauer dieser Elemente die Zersetzung eine andere, oder sie würde ganz unterbleiben. Wir wissen, dass durch gewisse Tonschwingungen fremde Körper in gleiche Schwingungen gerathen, und dass durch dieselben das Gleichgewicht sogar so sehr gestört werden kann, dass ein Zerspringen spröder Gegenstände die Folge ist. So könnten wir uns etwa denken, dass Schwingungen des Gärungserregers in der Prim, Sekund, Terz andere Atome oder Atomkomplexe im Zuckermolekül in heftigste Bewegung versetzten, somit ungleiche Störungen des

Gleichgwichts veranlassten und beziehungsweise Alkoholgärung, Milchsäuregärung, Mannitgärung bewirkten.

Ich will hiemit nicht etwa eine bestimmte Theorie aussprechen, sondern bloss die einfachste unter den Möglichkeiten anführen. Wenn wir bedenken, dass die verschiedenen Gärungen durch verschiedene Pilze verursacht werden und dass das Plasma ihrer Zellen nothwendig eine ungleiche Zusammensetzung zeigt, indem die nämlichen Verbindungen in ungleichen Mengenverhältnissen beisammen sind, ferner dass bei der Uebertragung der Bewegung die Anziehung und Abstossung zwischen allen vorhandenen Theilchen eine entscheidende Rolle spielt, — so begreifen wir leicht, dass in den verschiedenen Fällen das Gleichgewicht innerhalb der Zuckermoleküle in ungleicher Weise gestört wird, indem das eine Mal diese, das andere Mal jene Atome und Atomgruppen in lebhaftere Bewegung gerathen.

Nur wenn die bestimmten Schwingungszustände des Gärungserregers auf das Gärmaterial einwirken, wird Kraft in der entsprechenden Weise übertragen und die entsprechende Zersetzung veranlasst. Eine andere noch so grosse Kraft, die zur Verfügung steht, kann nicht die gleiche Arbeit leisten. Die grosse Menge von Spannkraft, welche bei der geistigen Gärung frei wird, besteht in andersartigen Schwingungszuständen und kann keine Zuckermoleküle zum Vergären bringen. Der Anstoss zum Zerfallen in Alkohol und Kohlensäure muss immer wieder von der Hefe ausgehen, eben weil er ein eigenartiger ist.

Der Process der Spaltung eines Moleküls durch die Gärung besteht aus zwei Stadien, die namentlich auch bezüglich der Wärmetönung von einander verschieden sind. Zuerst wird das Gleichgewicht gestört, wofür eine gewisse, vorerst nicht zu ermittelnde, aber wahrscheinlich geringe Kraftmenge von der Hefenzelle auf das Molekül des Gärungsmaterials übergeht. Dann wird durch die neuen Anziehungen und Abstossungen, die bei der Gleichgewichtsstörung zur Geltung kommen, ein neues Gleichgewicht zwischen den Theilen des Moleküls hergestellt, wobei eine beträchtliche Wärmeentbindung statt hat. Die Beobachtung giebt uns nur das Gesammtresultat der beiden Stadien und zeigt uns, dass das zweite quantitativ weit überwiegt. Insofern können wir auch, etwas weniger genau, das zweite Stadium als die Ursache, das erste als die Veranlassung der Wärmeentbindung bezeichnen.

Die Wärmemenge, welche das Molekül des Gärungsmaterials im ersten Stadium aufnimmt, ist jedenfalls gering im Verhältniss zu derjenigen, welche es im zweiten abgiebt. Und wenn wir berücksichtigen, dass die Hefensubstanz während der Gärung ihre Spannkraft ziemlich unverändert behält, so möchten wir vermuthen, dass jene Wärmemenge auch absolut sehr gering sei. Indessen giebt uns diese Betrachtung keine Gewissheit. Es ist nämlich, wie ich in der Folge noch zeigen werde, Thatsache, dass bei dem Gärprocess Spannkraft auf die Hefenzellen übertragen wird, — und so wird es möglich, dass diese für ihre Arbeit mehr Kraft aufwenden, als es den Anschein hat, dass sie aber aus der geleisteten Arbeit die aufgewendete Kraft wieder gewinnen und dadurch immer zu neuer Arbeit befähigt werden.

———

Nachdem ich versucht habe, das Wesen der Gärung klar zu legen, will ich noch zeigen, wie befriedigend sich nach der molekularphysikalischen Theorie die besonderen Beziehungen, welche zwischen der Ernährung der Hefenzelle und der Funktion der Gärung bestehen, erklären lassen, während die bisherigen Gärungstheorien den Thatsachen nicht gerecht zu werden vermögen und theilweise selbst mit denselben im Widerspruche stehen. Diese Beziehungen, welche durch meine langjährigen Versuche festgestellt wurden, lassen sich in folgenden Sätzen zusammenfassen.

I. Der freie Sauerstoff, den sonst alle Pilze zu ihrem Leben bedürfen, kann bei vorhandener hinreichender Gärthätigkeit entbehrt werden.

II. Die Oxydation durch freien Sauerstoff begünstigt aber ihrerseits die Gärthätigkeit.

III. Die Gärthätigkeit einer Zelle befördert unter allen Umständen ihr eigenes Wachsthum.

IV. Die Gärthätigkeit eines Pilzes benachtheiligt die Ernährung und das Wachsthum der übrigen Pilze, welche nicht für diese, sondern für andere Gärungen organisirt sind.

Es würde weit über den Rahmen dieser Mittheilung hinausgehen, wenn ich im Einzelnen auf die Versuche eintreten wollte, welche diese Sätze beweisen. Uebrigens wird eine allgemeine Zusammenfassung der Resultalte vorläufig um so eher genügen, als sie in Folge der zahlreichen Wiederholungen und Variationen der experimentellen Beobachtungen ziemlich genau formulirt werden kann, so dass es Jedermann leicht sein wird, durch richtig angestellte Versuche sich zu orientiren und von der Richtigkeit zu überzeugen.

I. Durch den ersten Satz wird der bisherige Streit, ob die niederen Pilze ohne Sauerstoff leben können oder nicht, in der Weise entschieden, dass sie es nur können, wenn sie Gärung von einer gewissen Intensität veranlassen. Zur Begründung führe ich folgende allgemeine Thatsachen an.

Die Schimmelpilze vermögen nicht, irgend welche Gärung zu erregen, und sie vermögen ebenfalls nicht, ohne freien Sauerstoff in irgend einer Nährlösung zu leben, mag dieselbe jede beliebige Zusammensetzung haben. Wie die Schimmelpilze verhalten sich diejenigen Sprosspilze, denen die Fähigkeit, Gärung zu verursachen, mangelt, mögen sie Sprosspilzformen irgend welcher Schimmelpilze sein oder zur Gattung Saccharomyces gehören (z. B. S. mesentericus, der Kahmpilz).

Die übrigen Sprosspilze (Saccharomyces und Sprosspilzformen von Mucor-Arten) besitzen nur das eine Gärvermögen, Zucker in Alkohol und Kohlensäure zu zerlegen. Uebereinstimmend damit können sie auch in den besten Nährlösungen, denen Zucker

mangelt, nicht ohne freien Sauerstoff leben[1]). Dagegen wachsen
sie in allen sauerstofflosen Nährflüssigkeiten, insofern dieselben
Zucker enthalten. Und zwar ist die Vermehrung eine unge-
schwächte und somit eine unbegrenzte[2]), wenn Peptone in aus-
reichender Menge die stickstoffhaltige Nahrung liefern; — sie
hört bei schlechterer Stickstoffnahrung früher oder später auf
(die Zunahme ist noch ziemlich reichlich in zuckerhaltiger, 0,5-
bis 0,75 proc. Lösung von Liebig'schem Fleischextrakt, wenig
reichlich in zuckerhaltigem Harn und in zuckerhaltigen Lösungen
von Ammoniaksalzen).

Ob es unter den Spaltpilzen ebenfalls (wie unter den Sprosspilzen) Formen giebt (besondere Species oder bloss Anpassungs-
zustände), welche nicht gärtüchtig sind und ohne freien Sauerstoff nicht leben können, konnte durch Versuche, die hier besonders schwierig sind, noch nicht sicher festgestellt werden; —
es ist aber wahrscheinlich[3]). Dagegen unterliegt keinem Zweifel,
dass in allen den zahlreichen Fällen, in welchen Spaltpilze bei
Abschluss von Luft sich ernähren und wachsen, auch immer
irgend eine Gärung stattfindet.

Begreiflicherweise ist auch der Grad der Vermehrung der
Spaltpilze, also der Grad der Ernährungsfähigkeit verschiedener
sauerstofffreier Lösungen, namentlich wegen der Kleinheit der
Zellen, viel schwieriger zu ermitteln als bei den Sprosspilzen.
Dieser Grad hängt aber offenbar von zwei Umständen ab: von
der Beschaffenheit der wirklichen Nährstoffe, die den Pilzen ge-

---

[1]) Das äusserst spärliche Wachsthum, welches man zuweilen in sauerstofflosen Nährlösungen beobachtet, denen man Mannit zugesetzt hat, dürfte
auf Rechnung einer Verunreinigung dieses Stoffes mit Zucker zu setzen sein.

[2]) „Unbegrenzt" für den vorausgesetzten Fall, dass die schädlichen Gärprodukte entfernt würden.

[3]) Die Darstellung Pasteur's, dass es Spaltpilze gebe, welche nur leben
und Gärwirkung ausüben, wenn sie freien Sauerstoff finden (Aërobien), und
solche, denen für beides Sauerstoffmangel Bedingung sei, so dass sie selbst
durch Zutritt von Luft getödtet werden (Anaërobien), beruht nach meinen
Erfahrungen auf unrichtiger Beurtheilung mangelhafter Beobachtungen.

boten werden, und von der Art der Gärung, die diese bewirken. Unter den Nährstoffen wirken am günstigsten die Peptone[1]), unter den Gärungen die Zerlegung des Zuckers.

Man beobachtet also, bei Ausschluss von Sauerstoff, die reichlichste Vermehrung der Spaltpilze, wenn zugleich Zucker und Peptone in der Nährflüssigkeit enthalten sind, während Zucker mit Asparagin, Harnstoff oder Ammoniaksalzen weniger günstig wirkt. Wird der Zucker durch Glycerin oder Mannit ersetzt, so findet eine weniger reichliche Vermehrung statt.

Sind weder Zucker noch zuckerähnliche Stoffe vorhanden, so findet, bei Abschluss von Luft, nur dann ein ziemliches Wachsthum der Spaltpilze statt, wenn die Flüssigkeit Peptone enthält; diese bieten einerseits die günstigsten Nährstoffe, anderseits aber ein Gärmaterial, das dem Zucker und den zuckerähnlichen Stoffen nachsteht. Die Ernährung der Spaltpilze hört gänzlich auf, wenn bei Sauerstoffmangel sowohl zur Nahrung als zur Vergärung bloss Asparagin oder Harnstoff oder Ammoniaksalze von organischen Säuren zur Verfügung stehen.

Diese Thatsachen dürften genügen, um ein anschauliches Bild von den Umständen zu geben, unter denen der Genuss des Sauerstoffs für die niederen Pilze entbehrlich wird. Um nun die Frage zu entscheiden, durch welche Mittel dies geschieht, muss zunächst festgestellt werden, dass der Sauerstoff nicht etwa als Nährstoff für die Zellen nothwendig ist; — denn während die Spaltpilze in einer Peptonlösung, bei Abschluss von Luft wachsen, bedürfen sie in einer Lösung von weinsaurem Ammoniak des Zutrittes von Luft, obgleich die erstere verhältnissmässig arm, die letztere reich an Sauerstoff ist. Auch die Vergleichung aller anderen Fälle zeigt uns deutlich, dass das Wachsthum der Pilze

---

[1]) Die Peptone können durch Albuminate ersetzt werden; dann ist aber zu berücksichtigen, dass die Umwandlung in Peptone durch die ausgeschiedenen Fermente mehr oder weniger Zeit erfordert und oft sehr langsam von statten geht.

mit oder ohne Luft ganz unabhängig ist von dem grösseren oder geringeren Sauerstoffgehalt der Nährstoffe.

Der Sauerstoff kann also nur dazu dienen, durch die bei der Oxydation (bei der Bildung von Wasser und Kohlensäure oder auch von komplicirteren Oxydationsstufen) frei werdende Kraft die verschiedenen Lebensbewegungen in der Zelle zu unterhalten: nämlich die molekularen Schwingungsbewegungen (wohin auch die elektrischen Strömungen zu rechnen sind), ferner die Ortsveränderungen der Moleküle und endlich die Massenbewegungen. Wenn einer pflanzlichen oder thierischen Zelle der Sauerstoff entzogen wird, so hören, wie experimentell nachgewiesen ist, alle sichtbaren selbständigen Bewegungen, die sie früher zeigte, auf.

Die Gärprocesse gleichen, wie wir gesehen haben, darin den Verbrennungsprocessen, dass sie Wärme oder Spannkraft entbinden. Wir begreifen daher, dass unter allen Zellen nur die Hefenzellen ohne freien Sauerstoff leben können, weil sie die Wirkung des Sauerstoffs durch die Gärthätigkeit ersetzen. Aber sie vermögen dies nur, wenn aus der gärenden Substanz eine hinreichend grosse Menge von Spannkraft frei wird, wie dies bei der Gärung der Zuckerarten, des Glycerins, des Mannits, der Peptone der Fall ist, während der Zerfall der gärfähigen Säuren (Aepfelsäure, Citronensäure, Weinsäure, Milchsäure etc.), ferner des Harnstoffs, des Asparagins und anderer einfacher Stickstoffverbindungen zu wenig Kraft entwickelt, um die Lebensbewegungen im Gange zu erhalten.

In einer sauerstofffreien Nährlösung dient die bei der Gärung entbundene Kraft dazu, die molekularen Bewegungen im Plasma zu unterhalten, und diese molekularen Bewegungen dienen ihrerseits dazu, neue Mengen von Gärmaterial zu zerlegen. Es ist dies eine Wechselwirkung, wie sie häufig auf natürlichem oder künstlichem Wege zu Stande kommt. Das brennende Gas einer Kerze

erzeugt eine hohe Temperatur, welche neue Gasbildung und
Verbrennung bewirkt.

II. Die Gärthätigkeit einer Zelle wird befördert,
wenn diese Zelle sich im Genuss des freien Sauerstoffs befindet. Ich habe diese Thatsache oben durch Dar-
legung der betreffenden Versuche bewiesen. Der Grund davon
ist unschwer einzusehen. Die molekularen Bewegungen im Plasma
der Hefenzellen vermitteln einerseits die Assimilation und Ernährung, anderseits die Gärthätigkeit. Die Kraft, welche diesen
molekularen Bewegungen durch die Oxydation zugeführt wird,
muss daher Wachsthum und Gärung gleichzeitig begünstigen. Je
kräftiger eine Zelle vegetirt, um so gärtüchtiger ist sie, — ganz
im Gegensatz zu den Theorien von Pasteur und andern neueren
Forschern, dass die Hefenzellen nur im krankhaften Zustande,
wenn sie Mangel litten, Gärung bewirkten.

Damit soll natürlich nicht gesagt werden, dass die nämlichen
molekularen Bewegungen sowohl die Ernährungsfunktionen als
die Gärung bewirken. Aber die verschiedenen, in den Molekülen
des Plasmas thätigen Bewegungen werden durch die nämliche
Ursache unterhalten und gesteigert, und sie bedingen einander
auch gegenseitig.

III. Die Gärthätigkeit einer Zelle befördert
unter allen Umständen ihr eigenes Wachsthum.
Dass dies für alle Fälle gilt, in welchen der Luftzutritt gehemmt
ist, habe ich bereits bei I. gezeigt, wo die Ernährung überhaupt
nur durch die Gärthätigkeit möglich gemacht wird. Schwieriger
wird die Beurtheilung für die Fälle, in welchen die Hefenzellen
sich im Genusse des Sauerstoffs befinden. Wir beobachten zwar
ohne Ausnahme, dass mit der Gärung auch die Intensität des
Wachsthums zunimmt, aber wir sind in der Regel nicht sicher,
was wir als Ursache und was als Wirkung in Anspruch nehmen
dürfen; es wäre ja eben so gut möglich, dass die lebhafte Gärung
durch das lebhafte Wachsthum bewirkt würde, als umgekehrt.

Diese Unsicherheit des Urtheils lässt sich nie ganz beseiti-
gen, wenn wir einen Hefenpilz nur mit sich selbst vergleichen.
Wir beobachten, dass Bier- oder Weinhefe in einer Lösung von
Zucker und weinsaurem Ammoniak sich viel stärker vermehrt
als in einer Lösung von Glycerin und Pepton, und wir sind
geneigt, die erstere an und für sich als die schlechtere Nährflüssigkeit zu betrachten und den günstigen Erfolg der Gärthätigkeit zuzuschreiben, welche in der Glycerinlösung mangelt. Wenn
aber Jemand behaupten wollte, dass der Zucker eine ungleich
viel bessere Nahrung sei für die Alkoholhefe als das Glycerin
und dass dieser Umstand allein die Ungleichheit im Wachsthum
erkläre, so würden wir diese Behauptung zwar sehr unwahrscheinlich finden, aber wir könnten sie durch Versuche mit
Alkoholhefe selbst nicht widerlegen.

Dagegen bleibt kaum ein Zweifel übrig, wenn wir mit der
Alkoholhefe andere nächst verwandte Pilze vergleichen. Wir
sehen dann, dass Glycerin für alle nicht gärtüchtigen Pilze fast
ein eben so guter Nährstoff ist als Zucker, dass Sprosspilze, denen
die Gärthätigkeit mangelt, durch Glycerin und Pepton besser
ernährt werden als durch Zucker und weinsaures Ammoniak.
Wir dürfen aber die Alkoholhefenpilze mit den nicht gärtüchtigen
Sprosspilzen um so eher vergleichen, als sonst beide in den verschiedenen Nährflüssigkeiten, denen der Zucker mangelt, vollkommen gleich gut gedeihen, woraus wir schliessen können, dass
die Ernährung in beiden sich gleich verhalte. Wenn wir nun
finden, dass mit dem Zusatz von Zucker die Alkoholhefenpilze
immer sich ungemein viel rascher vermehren, so sind wir wohl
berechtigt, die lebhaftere Ernährung von der eingetretenen Gärthätigkeit herzuleiten.

Ist die Thatsache richtig, so wird auch die Erklärung derselben nach den vorausgehenden Erörterungen leicht verständlich.
Allerdings wendet das Plasma der Hefenzelle eine geringe Kraft
auf, um das Gärmaterial zu zerlegen. Allein die aus dem letzteren

ausgelöste Spannkraft, welche den molekularen Bewegungen im Plasma theilweise zu gute kommt, ist viel mal beträchtlicher, und die Summe der Lebenskräfte einer Zelle wird bedeutend erhöht, wenn dieselbe Gärthätigkeit ausübt.

Man könnte nun vielleicht die Meinung hegen, dass die Gärung auch stofflich zum Wohlbefinden der Hefenzellen beitrage. Da das Gärmaterial nicht vollkommen in den normalen Spaltungs-produkten aufgeht (z. B. Traubenzucker in Alkohol und Kohlen-säure), sondern zum geringen Theil in Nebenprodukte zerfällt (bei der geistigen Gärung in Glycerin, Bernsteinsäure und viel-leicht andere noch unbekannte Verbindungen), so wäre es möglich, dass unter den letzteren sich ein die Ernährung in besonderem Masse begünstigender Stoff befände. Dies ist aber durchaus unwahrscheinlich. Wäre es der Fall, so müsste man durch Zusatz des fraglichen Stoffes zu einer nicht gärenden (z. B. glycerinhaltigen) Nährflüssigkeit die nämlichen günstigen Resultate erlangen. Von einem solchen Stoff ist nach den zahlreichen Versuchen mit Lösungen von verschiedener Zusammensetzung nichts bekannt.

Die physiologischen Beziehungen zwischen Gärung und Er-nährung, die ich bis jetzt erörtert habe, betreffen den einzelnen Pilz im Verhältniss zu den umgebenden Medien. Es giebt noch eine Beziehung, welche in sein Verhältniss zu anderen Hefenpilzen eingreift, welche also für ihn im Kampfe ums Dasein Bedeutung hat.

IV. Die Gärthätigkeit eines Pilzes benachtheiligt die Ernährung und das Wachsthum der übrigen Pilze, welche nicht für diese, sondern für andere Gärungen organisirt sind. — Es ist gewiss die merkwürdigste unter den Beziehungen zwischen Gärung und physiologischer Funktion, dass die Thätigkeit einer Zelle nicht bloss förderlich für sie selber und ihresgleichen, sondern hemmend für andersartige Zellen sich erweist, und dass dieser schädliche Einfluss nicht etwa durch Entziehung von Nährstoffen oder durch Ausscheidung von schädlichen Verbindungen, sondern lediglich durch das Vorhandensein der besonderen Gärthätigkeit bewirkt wird. Diese Beziehung war aber, wegen der mannigfaltigen Komplikationen, welche die Erscheinungen darbieten, und wegen des Widerspruchs, in welchem sie mit den allgemeinen Gesetzen der Konkurrenz steht, am schwierigsten zu ermitteln.

Bei den zahlreichen Versuchen mit Aussaat von verschiedenen Hefenpilzen in das nämliche Glas bekam ich in der Regel Resultate, die den Erwartungen nicht entsprachen. Anfänglich zwar vermehren sich die verschiedenen Keime, jeder nach Massgabe seiner Eigenthümlichkeit und der ihm mehr oder weniger zusagenden äusseren Umstände. Dies geschieht so lange, als die Pilze noch wenig zahlreich und daher in der Flüssigkeit derartig vertheilt sind, dass sie einander nicht beeinträchtigen können. Sowie sie aber so zahlreich geworden, dass sie durch Konkurrenz auf einander wirken, so beobachtet man gewöhnlich, dass einer derselben sich stark vermehrt und dass das Wachsthum der übrigen gänzlich stille steht. Dies tritt um so sicherer ein, je gleichartiger die Nährflüssigkeit in allen ihren Theilen beschaffen ist. Sind lokale Ungleichheiten vorhanden, — z. B. durch Beimengung von festen Stoffen und gehemmte Cirkulation, oder durch ungehinderten Luftzutritt zu der Oberfläche, während die tieferen Flüssigkeitsschichten wenig oder keinen Sauerstoff erhalten, — so können zwei verschiedene Pilzvegetationen jede an ihrem Orte die Oberhand gewinnen und alle anderen Pilze verdrängen.

Diese Erscheinung könnte nach den Gesetzen der Konkurrenz nur dann erklärt werden, wenn der überhandnehmende Pilz durch Ausscheidung eines schädlichen Stoffes die Ernährung der übrigen verhindern würde. Da diese Annahme, wie ich nachher zeigen werde, unmöglich war, so blieb mir die Lösung des Räthsels lange Zeit zweifelhaft. Sie wurde erst gefunden, als besondere Versuche angestellt wurden, um eine praktische Erfahrung der Bierbrauerei wissenschaftlich zu begründen.

Die Hefe der Bierbrauer ist fast rein von Spaltpilzen; sie
kann bei jahrelangem Betrieb, während welchem eine grosse
Menge von neuen Zellengenerationen gebildet werden, diese Reinheit behalten. Dies ist eine sehr merkwürdige Erfahrung, da
die Vermehrung in einer neutralen Nährlösung erfolgt. Wenn
man nämlich in eine neutrale zuckerhaltige Lösung (auch in
Bierwürze) eine Spur von Bierhefe aussäet und die Spaltpilze,
welche in dem Wasser oder in der Hefe enthalten sind oder aus
der Luft hereinfallen, nicht vollständig ausschliesst, so erhält
man zuletzt meistens eine überwuchernde Spaltpilzvegetation.
Dies tritt noch viel sicherer ein, wenn man von Anfang an nicht
nur Bierhefenpilze, sondern auch Milchsäurepilze zur Aussaat
benutzt. Dadurch wird bewiesen, dass die Spaltpilze in neutralen Flüssigkeiten besser gedeihen als die Sprosspilze, wobei
ich bemerke, dass das entgegengesetzte Resultat erfolgt, wenn
die zuckerhaltige Flüssigkeit eine gewisse Menge von organischen
oder unorganischen Säuren enthält, indem dann immer die Spaltpilze durch die Sprosspilze verdrängt werden.

Da die chemische Beschaffenheit der Bierwürze nicht die
Ursache sein kann, warum die Spaltpilze beim Brauereibetrieb
sich nicht vermehren, so lag die Vermuthung nahe, dass einer
der begleitenden Umstände entscheidend sei, vor allem die niedere
Temperatur, bei welcher man die Bierwürze gären lässt, oder
ein gewisser Gehalt von Alkohol, welcher bald erreicht wird, da
man die Gärung mit einer gewissen Menge von Hefe ansetzt,
oder die Sättigung mit Kohlensäure, welche aus dem gleichen
Grunde bald eintritt, oder die Zugabe von Hopfenbitter, oder
eine Kombination der genannten Faktoren.

Diese Vermuthung bestätigte sich in keiner Weise. Wurden
Spross- und Spaltpilze, beide in Spuren, zugleich in neutrale
zuckerhaltige Flüssigkeiten (auch in Bierwürze) ausgesäet, so
gewannen die Spaltpilze nach einiger Zeit vollständig die Oberhand, mochten die Umstände so oder anders beschaffen sein, —

bei jeder beliebigen niederen Temperatur, auch bei 0°, bei jedem beliebigen die Vegetation nicht unterdrückenden Zusatz von Alkohol oder Hopfenbitter, bei vollständiger Sättigung mit Kohlensäure, auch bei Vereinigung mehrerer oder aller dieser Umstände.

Da sich aber bei anderweitigen Versuchen gezeigt hatte, dass, wenn einmal die geistige Gärung ordentlich in Gang gekommen ist, dieselbe andauert und die sie bewirkende Sprosshefe allein sich vermehrt, so wurden Versuche in der Art angestellt, dass zur Aussaat eine grössere Menge von Bierhefe und nur Spuren von Spaltpilzen dienten. Der Erfolg war ganz überraschend. Mag die zuckerhaltige Nährflüssigkeit und die Temperatur wie immer beschaffen sein, so kann man durch Aussaat einer hinreichenden Quantität von Sprosshefe den gewünschten Zweck erreichen, dass nur diese sich vermehrt und die in geringer Menge vorhandenen Spaltpilze gar nicht wachsen.

Bei der Konkurrenz der Hefenpilze ist also die verhältnissmässige Zahl der Konkurrenten von Bedeutung, und es muss die gegenseitige Verdrängung durch andere Mittel erfolgen als bei allen übrigen Gewächsen. Bei den letzteren ist die Zahl, mit der jede Art in den Kampf ums Dasein eintritt, gleichgiltig für das endliche Resultat, mag dasselbe in einer partiellen gegenseitigen Verdrängung und Herbeiführung eines Beharrungszustandes, in welchem jede Art mit einem bestimmten durchschnittlichen Procentsatz vertreten ist, oder in der totalen Verdrängung einzelner Arten bestehen. Ist eine Art einmal in allzugrosser, eine andere in allzugeringer Menge vorhanden, so ist die Folge davon keine andere, als dass in der nächsten Zeit die erstere eine Abnahme, die letztere eine Zunahme erfährt.

Suchen wir nun nach einer Erklärung für den regelwidrigen Verlauf der Konkurrenz bei den Hefenpilzen, so bietet sich zunächst die Annahme dar, dass die Ausscheidungs- und Gärungsprodukte der einen dem Leben der anderen hinderlich seien.

Wir würden dann sogleich begreifen, dass eine grosse Zahl von Sprosspilzen, weil sie die Nährflüssigkeit mit einer verhältnissmässig grossen Menge von solchen Produkten verunreinigt, die Spaltpilzvegetation ganz unmöglich macht. Eine solche Annahme ist aber unstatthaft. Die Sprosspilze scheiden keine Stoffe aus, die anderen Pilzen schädlich sind, sondern nur Stoffe, die eine vortreffliche Nahrung für dieselben bilden. Das Hefenwasser, wenn dasselbe die Ausscheidungsprodukte der Bierhefe in hinreichender Menge enthält, gehört selbst zu den besten Nährflüssigkeiten für Spaltpilzvegetationen. Auch die Produkte der geistigen Gärung verhindern die Spaltpilze nicht zu wachsen. Wenn man die Sprosshefe einer gärenden Flüssigkeit in irgend einem Stadium durch Erhitzen tödtet und dann Spuren von Spross- und Spaltpilzen darin aussäet, so sind die letzteren immer die stärkeren.

Der Grund, warum die Aussaat einer grösseren Menge von Sprosshefe für sie selber von Nutzen ist bei der Konkurrenz mit den Spaltpilzen, liegt also nicht in irgend einer substanziellen Veränderung der Nährflüssigkeit. Er besteht nur in dem Vorhandensein einer bestimmten Gärungsbewegung. Dies ist auch deutlich aus den beobachteten Thatsachen nachzuweisen. Wird in eine zuckerfreie neutrale Nährlösung eine grosse Menge Bierhefenzellen und nur eine Spur von Spaltpilzen gegeben, so vermehren sich die ersteren, welche keine Gärung erregen können, langsam, die letzteren dagegen sehr rasch, so dass sie die ersteren bald überwuchern. Das Nämliche ist ferner der Fall, wenn in einer zuckerhaltigen neutralen Nährlösung sich zahlreiche Sprosshefenzellen, die aber ihrer Natur nach nicht Gärung zu bewirken vermögen, mit sehr wenig Spaltpilzen befinden. Bringt man endlich zahlreiche Bierhefenzellen mit einer Spur von Spaltpilzen in eine neutrale Flüssigkeit, welche mehr oder weniger Zucker enthält, so vermehren sich die ersteren allein, so lange die Gärung dauert; sowie dieselbe aber in Folge von Zuckermangel träge

wird und aufhört, fangen die Spaltpilze an sich stark zu vermehren, indess das Wachsthum der Sprosspilze stille steht.

Die grössere Zahl ist also für die gärtüchtigen Sprosspilze
bei der Konkurrenz mit den Spaltpilzen nicht an und für sich
vortheilhaft, sondern nur wenn zugleich ein dieser Zahl ent-
sprechender Grad von Gärungsintensität eintritt. Desswegen
kommt es, wenn in einer zuckerhaltigen neutralen Nährlösung
die Sprosspilze allein sich vermehren sollen, nicht auf das nu-
merische Verhältniss der die Bierhefe verunreinigenden Spaltpilze
an, sondern auf die Quantität der im Verhältniss zur Flüssigkeits-
menge zugesetzten Bierhefe. Um den angegebenen Zweck zu
erreichen, muss die Gärflüssigkeit mit so viel Hefe angesetzt werden,
dass sie möglichst bald in ordentliche Gärung geräth[1]).

Nach Feststellung der Thatsache ist nun die Frage, wie
dieselbe erklärt werden könne. Wie ist es denkbar, dass eine
Zelle lediglich dadurch, dass sie molekulare (physikalische und
chemische) Bewegungen verursacht, die Ernährung einer andern
Zelle beeinträchtigt? Eine befriedigende Antwort lässt sich, wie
ich glaube, nur mit Hilfe der Annahme erlangen, welche ich
früher wahrscheinlich zu machen suchte, dass die Gärungsbewegung

---

[1]) Daraus leitet sich die praktische Regel ab, um aus einer mit Spaltpilzen verunreinigten Bierhefe eine reine Hefe zu erziehen. Man bringt in
eine gekochte zuckerhaltige Nährlösung gerade so viel Bierhefe, dass die
Gärung sofort beginnt. Ehe diese beendigt ist, wird ein Theil der erzogenen
Hefe in neue Nährlösung gebracht unter Beobachtung der gleichen Vorsichts-
massregeln, und das Verfahren je nach dem Erfolg noch ein oder mehrere
Male wiederholt. Da die Sprosspilze allein sich vermehren, so nimmt die
verhältnissmässige Zahl der Spaltpilze mit jeder Kultur ab und man erhält
zuletzt eine beinahe ganz reine Sprosshefe. Es ist sicherer und förderlicher,
wenn man die Nährlösungen etwas sauer macht.

Von dem Masse, in welchem die Reinheit der Sprosshefe zunimmt, kann
man sich aus dem Umstande eine Vorstellung bilden, dass das Verfahren
eine 5 bis 8 fache Vermehrung in jeder Nährlösung gestattet. Bei gelungener
Kultur nimmt die Procentzahl der Spaltpilze nahezu in dem nämlichen Verhältniss ab.

nicht bloss innerhalb der Zelle, sondern auch in einer dieselbe umgebenden Flüssigkeitssphäre stattfindet.

Die molekularen Schwingungen im Plasma der Sprosshefezellen werden auf die Zellflüssigkeit und von dieser durch Fortpflanzung der Bewegung auf die ausserhalb der Zellen befindliche Lösung übertragen. Liegt eine Hefenzelle isolirt in der Flüssigkeit, so werden die Gärungsschwingungen in einer bestimmten Entfernung unmerkbar gering. Wenn aber zahlreiche Hefenzellen durch eine Zuckerlösung vertheilt sind, so gerathen bald alle Zuckermoleküle in analoge Schwingungszustände, die jedoch nur in der nächsten Umgebung jeder Zelle stark genug sind, um eine Spaltung zu bewirken.

Die ungleichen molekularen Schwingungen im Plasma der verschiedenen Hefenarten bedingen, wie ich früher erörtert habe, ungleiche Schwingungszustände in den Zuckermolekülen, welche in eigenartigen Störungen des Gleichgewichtes bestehen und daher zu eigenartigen Spaltungen (Alkoholgärung, Milchsäuregärung, Mannitgärung) führen. Wenn nun in einem gegebenen Moment zahlreiche Sprosspilze und wenig zahlreiche Spaltpilze in einer Zuckerlösung vertheilt sind, so wird diese in die eigenartigen Schwingungszustände der Alkoholgärung versetzt. Die wenig zahlreichen und isolirten Spaltpilze vermögen dagegen nicht aufzukommen, sie vermögen auch den nächstliegenden Zuckermolekülen nicht die der Milchsäuregärung oder Mannitgärung entsprechenden Schwingungszustände mitzutheilen. Es müssen im Gegentheil die durch die ganze Flüssigkeit verbreiteten, der Alkoholgärung zukommenden Bewegungen bis in die Spaltpilzzellen hinein ihre Wirkung äussern und hier die normalen Bewegungszustände im Plasma beeinträchtigen. Denn da die Schwingungen im Plasma solche in der Flüssigkeit hervorgerufen, so müssen auch Schwingungen in der Flüssigkeit, die durch fremde Ursachen bedingt sind, diejenigen im Plasma verändern; und da jede Hefenart eigenthümliche Bewegungszustände auf die Flüssigkeit überträgt, so muss sie durch andersartige Bewegungszustände der Flüssigkeit abnormal, also krankhaft berührt werden. Wir begreifen daher, dass eine reiche Aussaat und Vegetation von Sprosshefe die spärlich vorhandenen Spaltpilze am Wachsthum und an der Vermehrung hindert und somit unterdrückt.

Es würde nun ein sehr grosses Interesse gewähren, wenn wir wüssten, wie gross die Wirkungssphäre einer Sprosshefenzelle angenommen werden kann. Die einzige Thatsache, die einigen und zwar nur dürftigen Aufschluss darüber giebt, ist die Hefenmenge, welche man anwenden muss, um das Wachsthum der Spaltpilze unmöglich zu machen. Dieselbe beträgt für 1 l Nährlösung etwa 1,7 g Trockensubstanz oder 10 ccm dicke und feste Hefenmasse, die bloss aus Zellen ohne anhängendes Wasser besteht. Wenn sich diese Hefe gleichmässig in der Nährflüssigkeit vertheilte, so käme auf eine Zelle das Hundertfache ihres Volumens Wasser und der Radius der Wirkungssphäre[1]) würde nicht mehr als das 2,3fache des Zellendurchmessers (das 4,6fache des Zellenradius) betragen. Nun ist aber die Hefe weit davon entfernt, sich gleichmässig in der Flüssigkeit zu vertheilen. Ein ziemlicher Theil derselben befindet sich jeweilen auf dem Grunde, unter Umständen auch an der Oberfläche; die übrige Hefe ist in auf- und absteigender Bewegung begriffen. Wir können somit annehmen, dass auf eine Zelle das Zwei- bis Fünfhundertfache ihres Volumens Wasser treffe, so dass dieselbe auf eine Entfernung wirken muss, die das Drei- und Vierfache ihres Durchmessers beträgt. Der Radius der Wirkungssphäre bei der Verdrängung der Spaltpilze wäre somit wenigstens auf 0,03 bis 0,04 mm (Zellendurchmesser = 0,01 mm), somit die Distanz von der Zellenoberfläche, wo die Wirkung noch bemerkbar ist, auf 0,025 bis 0,035 mm zu veranschlagen.

---

[1]) Radius der Wirkungssphäre gleich dem Abstand von dem Mittelpunkt der Zelle bis zum Umfang der Wirkungssphäre.

Ich habe oben (S. 44) aus anderen Thatsachen geschlossen, dass die Sprosshefenzelle auf eine Entfernung von 0,02 bis 0,05 mm Zucker vergären könne. Die Bestimmung der beiden Wirkungssphären (Gärungs- und Verdrängungssphäre) führt daher ziemlich genau zu dem nämlichen Ergebniss.

Da die Gärthätigkeit einer Zelle, wie ich gezeigt habe, auf fremde Zellen gleichsam giftig wirkt, so ist es nicht ohne Interesse, die Wirkung der Gifte auf lebende Zellen damit zu vergleichen. Ich will vorzugsweise nur von dem Einfluss derselben auf die Gärungspilze sprechen, um nicht möglicherweise Fremdartiges in die Vergleichung aufzunehmen.

Die Gifte wirken ungleich, viele dadurch, dass sie eine chemische Veränderung in dem lebenden Plasma verursachen, wie dies beispielsweise mit dem Chlor und dem Cyan der Fall ist, oder dass sie die löslichen Albuminate fällen, wie dies die Salze von Kupfer, Blei, Silber, Quecksilber und einige Säuren thun.

Die übrigen Gifte, welche keine chemische Umsetzung zur Folge haben, können bloss als Kontaktsubstanzen Einfluss ausüben. Ihre Wirkungsweise kann wieder verschieden sein, je nachdem mehr die Anziehung, welche von dem Giftmolekül und dessen Atomgruppen auf die Verbindungen des lebenden Plasmas geltend gemacht wird, oder die Bewegungszustände, welche übertragen werden, entscheidend sind.

Beispiele für das Vorwiegen der Anziehung bei der Kontaktwirkung finden wir in den Säuren. Alle Säuren verlangsamen schon in verhältnissmässig geringen Mengen die Ernährung und die Gärthätigkeit; es thun dies auch diejenigen Säuren, welche selber zur Ernährung dienen, wie die organischen, die Phosphor- und Schwefelsäure. Dass dieselben chemische Verbindungen eingehen, ist nicht wohl denkbar, weil mit der Abstufung der

Koncentration die Verzögerung des Lebensprocesses in allen Verhältnissen abgestuft werden kann. Da ferner die verschiedenen Säuren bei ganz ungleicher Zusammensetzung (man vergleiche Salzsäure, Schwefelsäure, Citronensäure) die nämliche Wirkung äussern, so können wir das Uebereinstimmende nicht in den Schwingungszuständen einer bestimmten Atomgruppe, sondern nur in dem chemischen Charakter der Säure finden. Die Annahme liegt nahe, dass das Säureradikal eine vorwiegende Anziehung auf die Amidgruppen in den Albuminaten und Peptonen ausübe und dadurch das lebende Plasma in seiner normalen Bewegung störe. Dies ist um so wahrscheinlicher, als im Allgemeinen der schädliche Einfluss mit der Stärke der Säure zunimmt.

Beispiele für giftige Kontaktwirkung, ohne dass eine vorwiegende chemische Anziehung im Spiele ist, bieten uns der Schwefelkohlenstoff, das Chloroform, die ätherischen Oele, einige Alkohole. Hier können es nur Bewegungszustände der Atome und Atomgruppen sein, welche einen nachtheiligen Einfluss auf die Plasmamoleküle haben.

Es giebt auch giftige Substanzen, in denen die beiden Wirkungsarten des Kontaktes vereinigt sind. So verdankt die Ameisensäure ihre giftigen Eigenschaften nicht bloss der Anziehung, welche das Säureradikal ausübt, sondern zugleich noch besonderen Bewegungszuständen; denn geringe Mengen derselben vollbringen die nämlichen Störungen wie viel grössere Mengen anderer starker Säuren. — Ferner wirken wahrscheinlich verschiedene Verbindungen, die bei stärkerer Koncentration eine chemische Veränderung im Plasma verursachen, in schwacher Lösung bloss durch Kontakt, so die Karbolsäure, die schweflige Säure, die Gerbstoffe, die giftigen Salze[1]), — und zwar wäre

---

[1]) Der Chemiker wird geneigt sein, die Wirkung dieser Gifte immer durch das Zustandekommen eines chemischen Processes zu erklären. Es ist

bei den einen die molekularphysikalische Bewegung, bei den
andern die chemische Anziehung entscheidend. Während Karbolsäure, Salicylsäure, die Gerbstoffe durch die Bewegungszustände
besonderer Atomgruppen, die giftigen Salze durch die Bewegungszustände des Kupferoxyds, des Bleioxyds u. s. w. wirksam sein
mögen, müssen wir bei der schwefligen Säure wohl vorzüglich
an die Anziehung denken, welche die freien Werthigkeiten derselben auf den Sauerstoff der organischen Verbindungen ausüben, ohne denselben wirklich frei machen und sich aneignen
zu können.

Ueber die Wirksamkeit einzelner Gifte sind verschiedene
Theorien aufgestellt worden, wobei man, wie ich glaube, den
Fehler gemacht hat, Erscheinungen, die erst nachträglich eintreten, als die unmittelbaren Folgen der giftigen Einwirkung zu
betrachten. So hat man von der Schwefelsäure, dem Alkohol
und anderen Substanzen behauptet, dass sie durch Wasserentziehung wirken. Auch die schweflige Säure soll dies thun, weil
Pflanzenblätter in einer Atmosphäre mit geringen Mengen von
schwefliger Säure vertrocknen. Es ist nun sicher, dass das
Schwefligsäure-Anhydrid der Pflanzensubstanz nicht bloss Sauerstoff, sondern auch Wasser entzieht. Allein dieses Gift verursacht
in so geringen Mengen das Verderben der Pflanzen, dass die
entsprechende minimale Wassermenge keine Schuld an dem Vertrocknen der Blätter haben kann, welche in warmer trockner
Luft viel mehr Wasser durch Verdunsten ohne Nachtheil verlieren.
Uebrigens übt die schweflige Säure in den nämlichen geringen

---

aber zu berücksichtigen, dass in manchen Fällen das Wasser eine gewisse,
wenn auch geringe Menge löst, ehe die chemische Wirkung eintritt. So werden
Stärkekörner durch Jod erst blau gefärbt, wenn ein bestimmter Grad der
Lösung überschritten wird. In gleicher Weise verhalten sich wohl auch
viele Gifte zu den lebenden Zellen; die ersten Mengen verursachen noch
nicht eine chemische Veränderung, aber sie stören die normalen Bewegungen.
Dies ist um so wahrscheinlicher, als geringe Mengen der Gifte den Lebens-
process nur verlangsamen oder in zeitweisen Stillstand versetzen, ohne ihn
zu vernichten oder auch nur auf die Dauer zu beeinträchtigen.

Quantitäten auf die im Wasser lebenden Pflanzen, wo die Wasserentziehung ohne Bedeutung ist, einen eben so schädlichen Einfluss aus.

Dass dieses Gift durch Kontakt wirkt, geht, wie ich glaube, mit grosser Wahrscheinlichkeit aus dem Verhalten der damit behandelten Hefenzellen hervor. Schweflige Säure in solcher Menge dem rothen Weinmost zugesetzt, dass sie denselben eben zu entfärben vermag, verhindert die Entwicklung der Hefenkeime, tödtet dieselben aber nicht. Man kann somit nicht wohl annehmen, dass sie eine Zersetzung verursache, sondern bloss, dass sie durch ihre Anwesenheit einen schädlichen Einfluss auf das lebende Plasma und dessen normale Bewegungen ausübe. Sowie man nach kürzerer oder längerer Zeit Sauerstoff zu dem geschwefelten Weinmost zutreten lässt, so geht die schweflige Säure in Schwefelsäure über, der rothe Farbstoff wird wieder hergestellt und bald beginnt auch, indem die Hefenkeime sich entwickeln und vermehren, Alkoholgärung. In gleicher Weise muss die schweflige Säure, die in der Nähe von Fabrikgebäuden in der Atmosphäre enthalten ist, auf die Blätter der höheren Pflanzen einwirken. Sie unterdrückt die Lebensthätigkeit des Plasmas, und das Vertrocknen ist eine sekundäre Erscheinung, welche immer eintritt, wenn in dem Gewebe der Blätter durch irgend eine schädliche Ursache die normalen Processe gestört werden.

Da ein gärthätiger Pilz lediglich durch die molekularen Schwingungen, welche er in der Nährflüssigkeit veranlasst, das Leben anderer Pilze verhindert und da offenbar manche Gifte dasselbe thun, so lag der Gedanke nahe, man könnte vielleicht durch mechanische Erschütterung auf die Lebensthätigkeit der niederen Pilze einwirken, wie ja auch Erschütterungen sehr auffällige Reaktionen an reizbaren höheren Pflanzen hervorbringen. Diese Einwirkung wäre dann, nach Analogie der im Vorhergehenden besprochenen Thatsachen, im Allgemeinen eine nach-

theilige, im besonderen Falle eine günstige. Ich habe aber früher
diesen Gedanken wieder aufgegeben, weil es mir schien, dass die
Bewegungen, die bei Versuchen auf mechanischem Wege in einer
Flüssigkeit sich erzeugen lassen, im Verhältniss zu den molekularen Bewegungen allzu langsam seien, um eine bemerkbare
Störung zu veranlassen. Ich ging dabei von der Thatsache aus,
dass in reissenden Gebirgsbächen und namentlich unter Wasserfällen eine Algenvegetation gedeiht.

Nun ist aber in neuester Zeit die schädliche Wirkung der
Erschütterung von Nährflüssigkeiten behauptet und als experimentell erweisbar dargestellt worden. Es besteht selbst schon
ein Prioritätsstreit über das Verdienst der Entdeckung zwischen
Alexis Horvath und Paul Bert. Ersterer berichtet über
seine Versuche in Pflüger's Archiv (Bd. 17 S. 125. 1878) und
geht dabei von den vermeintlichen Thatsachen aus, dass die
Spaltpilze in den grösseren Arterien der Thiere sich nicht vermehren und dass einmal in einem strömenden Bache weder
Thiere noch Pflanzen bemerkt wurden. Was die erstere Behauptung
betrifft, so habe ich sie schon früher auf ihre wirkliche Bedeutung
zurückgeführt [1]). Was aber den strömenden Bach betrifft, so
wurde vielleicht die Vegetation der mikroskopischen Gewächse
darin übersehen. Wenigstens ist es Thatsache, dass in den
reissenden Bächen der Alpen, in denen der Laie keine Pflanzen
und Thiere sieht, von dem Botaniker auf den Steinen ein äusserst
dünner Ueberzug von Algen vorzüglich aus der Gruppe der
Nostochinen (Chroococcaceen etc.) gefunden wird. Der Mangel
an grösseren, dem blossen Auge sichtbaren, fadenförmigen Algen
erklärt sich einfach aus dem Umstande, dass dieselben gegenüber
der mechanischen Gewalt des strömenden Wassers sich nicht
festzuhalten vermögen.

---

[1]) Die niederen Pilze in ihren Beziehungen zu den Infektionskrankheiten
und der Gesundheitspflege S. 124 (1877).

Zu den Versuchen, welche Horvath im Laboratorium des Herrn Claude Bernard in Paris auszuführen Gelegenheit fand, dienten 20 cm lange, bis 2 cm weite, an beiden Enden abgerundet-zugeschmolzene Glasröhren, die zur Hälfte mit der Nährflüssigkeit, zur Hälfte mit Luft gefüllt waren. „Die Röhren wurden durch einen Wassermotor geschüttelt, der ein Brett, auf welchem die Röhren horizontal befestigt waren, in horizontaler Richtung in eine 25 cm umfassende Bewegung (100 bis 110 mal in der Minute) versetzte. Nach jeder Bewegung empfing das Brett durch eine besondere Einrichtung noch einen Extrastoss, was die Flüssigkeit noch heftiger schüttelte."

Als Resultat wird angegeben, dass zwei geschüttelte Röhren nach 24 Stunden noch klar geblieben waren und keine Vermehrung der Spaltpilze zeigten, während zwei andere unter den gleichen Bedingungen, aber in der Ruhe gehaltene Röhren sich trübten. Auch die ersteren zwei Röhren zeigten, nachdem sie während weiteren 28 Stunden ruhig gehalten wurden, Trübung und Vermehrung der Spaltpilze. Andere Röhren dagegen, die sich 48 Stunden lang auf dem Schüttelapparat befanden, blieben nachher auch in der Ruhe klar und ohne Zunahme der Spaltpilze. Daraus wird geschlossen, dass durch eine kontinuirliche Bewegung von 24 Stunden die Vermehrung dieser Pilze verhindert und durch eine Bewegung von 48 Stunden ihre Fähigkeit der Vermehrung aufgehoben werde.

Diese Versuche sind geeignet, das Interesse der Physiologen in hohem Grade in Anspruch zu nehmen, und ich würde sie namentlich auch als Bestätigung für die molekularphysikalische Gärungstheorie und für die oben ausgesprochene Meinung betreffend die Wirkungsweise mancher Gifte begrüssen, wenn nicht einige kritische Bedenken gegen die Richtigkeit der Schlussfolgerungen sich mir aufdrängten.

Das eine Bedenken betrifft die Wirksamkeit der angewendeten Schüttelbewegung. Es ist klar, dass dieselbe von dem Grade der Erschütterung abhängt, welcher seinerseits bedingt wird durch die Geschwindigkeit, mit welcher man die Flüssigkeit gegen die Glaswand schleudert. Wir vermissen darüber eine bestimmte Angabe, da aus den wenigen oben wörtlich angeführten Sätzen nur vermittelst willkürlicher Annahme eine Schätzung möglich ist. Befand sich das Brett in einer kontinuirlichen und gleichmässigen hin- und hergehenden Bewegung, machte es in dieser Art 100 bis 110 Exkursionen von 25 cm in der Minute, waren die Röhren überdem in der günstigsten

Stellung (die Längendimension parallel der Bewegungsrichtung), so legte
die Flüssigkeit in 0,6 bis 0,55 Sekunden einen Weg von 30 cm (25 cm
Exkursion des Brettes und 5 cm halbe Länge der halbgefüllten Röhre)
zurück, was in der Sekunde eine Geschwindigkeit von 50 bis 54 cm
ergiebt. Die Bewegung war aber wahrscheinlich keine gleichmässige,
sondern eine stossweise mit zwischenliegenden Pausen, so dass die
Geschwindigkeit wohl das Doppelte (100 cm) betrug. Wäre aber die
Stellung der Röhren eine andere als die vorhin angenommene, so würde
die Bewegung der Flüssigkeit erheblich langsamer. Der seitliche Extrastoss kann die Geschwindigkeit nur in unbedeutendem Masse durch
Vergrösserung der Weglänge vermehrt haben, wenn er überhaupt eine
Wirkung hatte. Schwerlich hat also die Geschwindigkeit, mit der die
Flüssigkeit in den Röhren hin und her geschleudert wurde, viel mehr
als 1 m in der Sekunde betragen; ich will sie aber, um keinen Fehler
zu begehen, zu 2 m annehmen.

Vergleichen wir nun damit die Erschütterungen unter Wasserfällen,
so müssen dieselben eben so gross sein, wo die Wassermasse bloss $1/4$ m
hoch fällt, weil sie mit der nämlichen Geschwindigkeit auf die Steine
stösst, wie die Nährflüssigkeit auf dem Schüttelapparate von Horvath
an die Glaswandung. Wasserfälle von 5 bis 20 m Höhe, die in den
Alpen so häufig sind, prallen mit einer 5 bis 10 mal grösseren Geschwindigkeit auf, von den höheren Fällen gar nicht zu sprechen, wo
die Geschwindigkeit den 20 bis 40 fachen Werth erreichen kann. Die
Erschütterung verursacht die Töne, welche man bei grösseren Wasserfällen neben dem Geräusch wahrnimmt und welche, wie Heim gezeigt
hat, bestimmte Accorde bilden. Ich halte es überhaupt für unmöglich,
auf künstlichem Wege Wasserpflanzen in so heftige Erschütterung zu
versetzen, wie sie die unter den Wasserfällen vegetirenden Algen zeit-
lebens erfahren.

Es ist also sicher, dass es Algen giebt, welche im natürlichen
Zustande ohne Nachtheil für ihre Ernährung und Fortpflanzung viel
stärkere Erschütterungen aushalten, als sie bei den Schüttelungsver-
versuchen von Horvath erzeugt wurden. Daraus würde allerdings
die Wahrscheinlichkeit sich ergeben, dass die Unterbrechung und Ver-
nichtung der Lebensthätigkeit, welche bei diesen Versuchen beobachtet
wurden, nicht auf Rechnung der Bewegung zu setzen wären. Denn es
lässt sich nicht wohl annehmen, dass die Spaltpilze, welche in jeder
Beziehung als die widerstandsfähigsten Organismen sich erweisen und

zugleich auch die kleinsten bekannten Zellen darstellen, gegen Erschütterung sich so viel empfindlicher verhalten sollten, als die ihnen
in manchen Beziehungen nahe verwandten Nostochinen. — Ich könnte,
ausser den unter Wasserfällen wachsenden mikroskopischen Algen, als
weitere Analogie noch an die grösseren auf Klippen wachsenden
Meeralgen erinnern, welche bei anhaltendem Sturm durch die Bran-
dung wohl nicht in geringere Bewegung gerathen als die Pilze in den
Schüttelröhren, sowie an die Zweige und Blätter von Bäumen, welche
bei dauerndem heftigen Wind gewiss noch heftiger erschüttert werden.

Die Frage wäre somit, ob die Resultate der Horvath'schen Versuche nicht einer andern Ursache zugeschrieben werden können als
der mechanischen Erschütterung. Dies ist mir allerdings nach meinen
Erfahrungen über Spaltpilzkulturen nicht unwahrscheinlich. In dieser
Beziehung sind zwei Momente ins Auge zu fassen, die Temperatur und
die Zusammensetzung der Nährlösung.

Was die Temperatur betrifft, so schwankte sie bei dem ersten
24 stündigen Versuch von Horvath zwischen 24° und 36° C., bei dem
zweiten 48 stündigen zwischen 30° und 36° C. Es ist dies im Allgemeinen die günstigste Temperatur für Spaltpilzkulturen. Der Wärme-
grad, bei welchem das Wachsthum aufhört, liegt übrigens sehr ungleich
hoch, je nach der chemischen Zusammensetzung der Nährlösung, meistens nur wenig höher als der günstigste Temperaturgrad. Es giebt
manche Nährlösungen, welche nur eine geringe Erhöhung über 36° C.
gestatten, ohne dass die Vermehrung der Spaltpilze stille steht, und
auch solche, die man nicht einmal auf 36° erwärmen darf, ohne die
Vermehrung zu hemmen. Bei den Horvath'schen Versuchen war die
Temperatur für die angewendete Nährlösung zwar günstig, wie die
Kontrolversuche mit den in Ruhe gehaltenen Röhren zeigen. Allein in
den geschüttelten Röhren muss durch die mechanische Bewegung eine
entsprechende Erhöhung der Temperatur eingetreten sein, indem ja
schon Mayer 1842 zeigte, dass durch Schütteln das Wasser in einer
Flasche von 12° auf 13.° stieg.

Es ist nun allerdings unbekannt, um wie viel die Wärme in den
genannten Versuchen gestiegen, und fraglich, ob daraus der erhaltene
Effekt erklärt werden kann. Letzteres dürfte um so eher als möglich
erscheinen, da die Ungleichheit im Effekt zwischen dem 24 und 48 stündigen Schütteln schwerlich allein die Folge der ungleichen Zeitdauer
ist. Anders würde es sich verhalten, wenn die Temperatur schädlich

wirkte, weil dieselbe beim 24 stündigen Versuch zwischen 24° und 36°
schwankte, also wohl nur selten das Maximum erreichte und damit die
zulässige Grenze überschritt, während beim 48 stündigen Versuch, bei
welchem die Temperatur zwischen 30° und 36° betrug, diese Grenze
während der gleichen Zeit viel häufiger überschritten werden musste.
Es hätte somit beim 48 stündigen Versuch die Gesammtdauer der schädlichen Temperaturen nicht das Doppelte, sondern das Mehrfache von
derjenigen beim 24 stündigen Versuch betragen, und damit wäre das
sonst unbegreifliche Resultat erklärt, dass beim 24 stündigen Versuch
bloss eine geringe Schwächung, ein rasch vorübergehender Starrezustand,
beim 48 stündigen Versuch dagegen die Tödtung[1]) der Spaltpilze oder
wenigstens eine sehr intensive und nachhaltige Schwächung derselben
beobachtet wurde.

Die soeben angestellte Betrachtung über die Temperatur in den
geschüttelten Röhren lässt es als sehr wünschbar erscheinen, genau
das andere Moment, die chemische Zusammensetzung der Nährflüssigkeit
zu kennen. Leider gestatten die Angaben Horvath's auch hierüber
kein bestimmtes Urtheil. Er „benutzte eine Flüssigkeit von folgender
Zusammensetzung. Auf 1 Liter destillirten Wassers wurden genommen:
10 g neutrales weinsteinsaures Ammoniak, 5 g saures phosphorsaures
Kali, 5 g schwefelsaure Magnesia und ½ g Chlorcalcium. Diese Lösung,
gekocht und filtrirt, war völlig klar und durchsichtig." Es ist vorauszusehen, dass aus einer solchen Mischung ein reichlicher Niederschlag
von phosphorsaurer Magnesia beim Filtriren entfernt wurde; es bleibt
aber ungewiss, was zurückgeblieben ist und welche Zusammensetzung
die klare Nährlösung wirklich hatte. Dies ist aber ein sehr wichtiger
Punkt, wenn es sich um Kultur bei höheren Temperaturen handelt.
Im Allgemeinen vertragen die Spaltpilze in ungünstigen Nährlösungen
weniger hohe Temperaturen; dabei kommt es wesentlich auf die Menge
einzelner in Lösung befindlicher Stoffe an. Am wenigsten lassen sich
saure Flüssigkeiten ohne Nachtheil erwärmen, und die Horvath'sche

---

[1]) Aus dem Umstande, dass die vorher geschüttelten Röhren nach mehr
als 48 stündigem Aufenthalt im Brütofen ungetrübt blieben, schliesst Horvath,
dass die Fähigkeit der Pilze, sich zu vermehren, aufgehoben worden sei. Es
folgt indess daraus bloss eine ziemlich hochgradige Schwächung; die Brütwärme muss oft viel länger einwirken, ehe eine bemerkbare Vermehrung der
geschwächten Spaltpilze eintritt.

Lösung reagirte jedenfalls erheblich sauer, da in derselben sich $^1/_2$ $^0/_0$ eines sauren Salzes befand.

Für solche Versuche dürfte sich $^1/_2$ bis 1 $^0/_0$ neutrales weinsaures Ammoniak mit einigen Procent Zucker, noch besser aber Fleischextrakt oder Pepton mit Zucker empfehlen, da bei solcher Nahrung die Spaltpilze den freien Sauerstoff entbehren können, den sie beim Genuss von Ammoniaksalz allein nöthig haben. Vor Allem aber sollten nach meiner Ansicht die Schüttelversuche bei gewöhnlicher oder nur mässig erhöhter Temperatur (jedenfalls nicht bei Brütwärme) angestellt werden, um ganz sicher zu sein, dass die durch den mechanischen Effekt erzeugte Wärme niemals schädlich werden kann.

Um schliesslich ein Urtheil über die Wirkung der mechanischen Erschütterung abzugeben, so möchte ich die Horvathschen Behauptungen nicht als unrichtig oder unmöglich erklären. Aber sie scheinen mir, mit Rücksicht auf die gemachten Einwürfe, nicht so sehr über jeden Zweifel erhaben, dass die Physiologie mit ihnen rechnen dürfte, und es wäre im höchsten Grade wünschbar, wenn eine Wiederholung der Versuche mit besseren Nährlösungen und bei niedrigeren Temperaturen stattfände. Die Sache ist nicht bloss für die Theorie der Gärthätigkeit und der Giftwirkung, sondern für alle physiologischen Processe von hohem Interesse. Bis neue Erfahrungen uns sicheren Aufschluss geben, müssen wir die Wirkungen mechanischer Erschütterung auf die molekularen Bewegungszustände des lebenden Plasmas für problematisch halten.

————

Es giebt noch eine sehr bemerkenswerthe Erscheinung der physiologischen Thätigkeit, in welcher die gärenden Zellen sich anders verhalten als die nicht gärenden, nämlich die Ausscheidung von Verbindungen des Zelleninhaltes. In einer früheren Mittheilung [1]) wurde gezeigt, dass Bierhefe in Wasser, dem so viel Phosphorsäure zugesetzt ist, um die Spaltpilze abzuhalten, während

————

[1]) Sitzungsberichte der kgl. bayer. Akad. d. W. vom 4. Mai 1878.

längerer Versuchsdauer einen ziemlichen Theil ihrer Albuminate als Peptone ausscheidet und dass das Nämliche beim Kochen der Hefe mit Wasser erfolgt. Ebenso findet man, wenn man Bierhefe nur so lange, dass sich die Spaltpilze nicht vermehren können, mit reinem Wasser stehen lässt, Peptone in der Flüssigkeit. Fügt man dagegen dem Wasser Zucker zu, so dass Gärung eintritt, so kommen nicht bloss Peptone, sondern auch Albumin aus den Zellen heraus. Die bezüglichen Thatsachen sind folgende:

Bei verschiedenen geistigen Gärungen, die im Brütkasten mit einem durchgeleiteten Luftstrom angestellt wurden, entdeckte Hr. O. Loew, Adjunkt des pflanzenphysiologischen Instituts, am Rande der Flüssigkeit fibrinartige Massen. Dieselben waren ohne Zweifel unter der Einwirkung des Sauerstoffs aus Eiweiss entstanden. Wie kam aber das Eiweiss in die Nährflüssigkeit, welche anfänglich nur Ammoniaksalze enthielt? Es war im höchsten Grade unwahrscheinlich, dass sich Eiweiss aus Ammoniak und Zucker ausserhalb der Hefenzellen gebildet haben sollte, etwa nach Analogie der extracellularen Gärung. Aber es widersprach auch aller Erfahrung, dass Zellen Eiweiss spontan ausscheiden, oder dass denselben von angesäuertem Wasser (in den fraglichen Fällen reagirte die gärende Flüssigkeit stets sauer) Eiweiss entzogen werden sollte. Es wurden daher einige Versuche angestellt, um zu ermitteln, unter welchen Umständen Eiweiss und Fibrin in einer Flüssigkeit, welche Bierhefe enthält, auftreten. Dabei waren die Verhältnisse denjenigen, unter denen die Beobachtung gemacht worden, möglichst gleich gehalten.

Zu den Versuchen 1—10 dienten Kolben von ungefähr 1,5 l Inhalt, jeder mit 250 g Wasser und 2 g Bierhefe (Trockengewicht). Das Wasser enthielt als mineralische Nährsalze 2 % neutrales phosphersaures Kali, 0,02 % schwefelsaure Magnesia und 0,01 % Chlorcalcium. Die Kolben standen in einem Brütkasten, dessen Temperatur 30 bis 32° C. betrug. Durch die Flüssigkeit wurde ein kontinuirlicher Luftstrom geleitet.

1. Da die Gärungen, bei denen Fibrinbildung beobachtet worden war, etwas Milchsäure und Essigsäure enthielten (in Folge nebenher gehender Spaltpilzvegetation), so wurde zuerst untersucht, ob vielleicht diese Säuren das Austreten von Eiweiss aus den Zellen bewirken. Es wurden 2,5 g Milchsäure in den Kolben gegeben, so dass eine 1 prcc.

Lösung vorhanden war. Nach 15 Stunden fanden sich nur sehr schwache Spuren von Eiweiss, dagegen merkliche Mengen von Pepton in der Lösung.

2. Essigsäure, in gleicher Menge angewendet, gab ganz das gleiche Resultat wie Nr. 1.

3. Bei Zusatz von 1 % Milchsäure und 10 % Rohrzucker, so dass eine lebhafte Gärung erfolgte, wurden nach der nämlichen Versuchsdauer ebenfalls nur äusserst geringe Spuren von Eiweiss in der Lösung beobachtet.

4. Die Anwendung von 1 % Essigsäure und 10 % Rohrzucker hatte das gleiche Resultat wie Nr. 3 zur Folge.

5. Die Lösung enthielt 1 % kohlensaures Ammoniak (keinen Zucker). Nach der Versuchsdauer von 15 Stunden waren erhebliche Mengen von Eiweiss (kein Fibrin) in der Flüssigkeit.

6. Die Lösung enthielt 1 % kohlensaures Ammoniak und 10 % Zucker. Nach 15 Stunden zeigte sie einen starken Eiweissgehalt und an dem Rande fibrinartige Fasern.

7. Der Zusatz von 1 % salpetersaurem Ammoniak und 10 % Zucker hatte ein ähnliches Ergebniss wie Nr. 6. Das in Lösung befindliche Eiweiss betrug 7,3 % des Trockengewichts der angewendeten Hefe.

8. Bei Anwendung von 1 % essigsaurem Ammoniak und 10 % Zucker wurden wie bei Nr. 7 Eiweiss in der Flüssigkeit und fibrinartige Ausscheidungen am Rande derselben gefunden. Das Gewicht des Eiweisses betrug nach der gleichen Versuchsdauer von 15 Stunden 7,6 % der Trockensubstanz der Hefe.

Das Eiweiss wurde bei den Versuchen 7 und 8 durch Koagulation in angesäuerter Lösung und Trocknen bei 100° bestimmt; das Fibrin machte in diesen beiden und auch in den andern Fällen nur einen geringen Theil der Eiweissmenge aus.

9. Pepton (1 %) mit Zucker (10 %) gab reichliches Eiweiss, aber keine fibrinartigen Ausscheidungen.

10. Leucin (1 %) mit Zucker (10 %) gab ebenfalls viel Eiweiss und daneben äusserst geringe Fibrinbildung.

11. Grössere Mengen von Bierhefe, welche man kürzere oder längere Zeit mit Wasser stehen lässt, scheiden bloss Peptone aus. Man findet in dem Wasser keine Spur von Eiweiss.

Die fibrinartigen Massen, welche in den vorstehenden Versuchen in wechselnden Mengen beobachtet wurden, hatten ganz das Aussehen

von Blutfibrin. Es waren elastische Fasern, welche in mässig koncentrirter Salzsäure zu einer Gallerte aufquollen und dann sich lösten.
Sie machten immer nur einen geringen Theil des ausgeschiedenen
Eiweisses aus und waren offenbar aus demselben entstanden. Um
übrigens in dieser Beziehung thatsächliche Gewissheit zu erlangen,
wurden noch folgende Versuche angestellt:

12. 1 g Hühnereiweiss wurde mit 10 g neutralem phosphorsaurem
Kali in 500 g destillirtem Wasser gelöst und unter Durchleitung eines
Luftstromes 12 Stunden lang auf einer Temperatur von 30° C. erhalten.
Nach dieser Zeit war mehr als die Hälfte des Eiweisses in eine
schwammige elastische Masse verwandelt, welche die grösste Aehnlich-
keit mit Blutfibrin zeigte.

13. Ganz der nämliche Versuch wie Nr. 12, nur mit Weglassung
des phosphorsauren Kalis, gab etwas weniger Fibrin.

14. Ebenfalls der nämliche Versuch wie Nr. 12, aber mit 2,5 g
Essigsäure statt des phosphorsauren Kalis, gab ungefähr die gleiche
Menge Fibrin, also etwas mehr als Nr. 13.

Ob die aus dem Eiweiss der Hefenzellen mit der aus dem Hühnereiweiss entstandenen fibrinartigen Substanz wirklich identisch war, wie
es den Anschein hatte, und wie sich beide zu dem Blutfibrin verhalten,
bleibt dahingestellt. Ebenso muss es unentschieden gelassen werden,
welche Umstände neben der Einwirkung des Sauerstoffs der Luft auf
die Umwandlung des Eiweisses Einfluss haben. Wie es scheint, wird
die Fibrinbildung durch die Anwesenheit von Säuren oder Salzen
befördert.

Zu den offenen Fragen gehört endlich auch das Verhältniss zwischen
den von den Hefenzellen herstammenden fibrinartigen Massen und dem
von Melsens (Jahresbericht 1857 S. 531) erwähnten sogenannten
„künstlichen Zellgewebe", welches er vermittelst mechanischer Bewegung
und vermittelst Durchleiten von Luft oder Kohlensäure aus Eiweisslösungen erhielt.

Aus den eben mitgetheilten und den in der früheren Mittheilung[1]) enthaltenen Thatsachen müssen folgende Schlüsse gezogen werden:

---

[1]) Sitzungsberichte der kgl. bayer. Akademie der Wissenschaften vom
4. Mai 1878.

1. Die Sprosshefe scheidet, wenn sie keine Gärung bewirkt, in neutralen, in schwach und stärker sauren Flüssigkeiten bloss Peptone (kein Eiweiss) aus; das Nämliche geschieht unter den gleichen Umständen, wenn die Hefenzellen getödtet sind.

2. Dagegen scheidet die Sprosshefe, auch wenn keine Gärung statt hat, in alkalischen Lösungen Eiweiss aus, die Zellen mögen lebend oder todt sein.

3. Die Sprosshefe scheidet, wenn sie Zucker vergärt, in neutralen, schwach alkalischen und schwach sauren Flüssigkeiten Eiweiss aus.

4. Dagegen scheidet sie auch bei lebhafter Gärung in stärker sauren Flüssigkeiten kein Eiweiss, sondern nur Peptone aus.

Mit Hilfe der Gärthätigkeit diosmirt also das Eiweiss durch die Hefenzellmembranen unter Umständen, unter denen es ohne dieselbe nicht hindurchgeht. Die Gärthätigkeit übt in dieser Beziehung die gleiche Wirkung aus wie eine alkalische Lösung, welche die Membranen durchdringt. Dagegen wird diese Wirkung aufgehoben, wenn die Flüssigkeit stark sauer ist.

Die Frage wäre nun, wie verhält sich die Theorie der Gärung zu den angeführten merkwürdigen Erscheinungen? Wie ist der mechanische Effekt der Gärthätigkeit auf die Diosmose des Eiweisses zu erklären? Zu diesem Behufe müssen wir eine Vorstellung über die mechanischen Ursachen zu gewinnen suchen, warum Eiweiss unter gewöhnlichen Umständen nicht durch Membranen hindurchgeht. Es ist daher nöthig, etwas näher auf das Verhalten der verschiedenen Lösungen einzugehen.

Gewöhnlich unterscheidet man zwei Gruppen von Stoffen, welche in Lösung ungleiche Eigenschaften zeigen, Krystalloide und Kolloide. Die ersteren haben die Fähigkeit, Krystalle zu bilden und durch Membranen zu diosmiren; sie geben spritzende Lösungen. Die letzteren vermögen nicht zu krystallisiren, nicht oder nur in geringem Masse durch Membranen hindurchzugehen; sie bilden schleimige fadenziehende Lösungen. Dieser Gegensatz war für den Entdecker gerechtfertigt; die jetzigen fortgeschrittenen Kenntnisse haben die Unterscheidung von Krystalloiden und Kolloiden in der früheren Form mehr und mehr unhaltbar gemacht. Denn es giebt einzelne Krystalloide, welche diosmiren aber nicht krystallisiren, wie der Fruchtzucker; ferner giebt es Kolloide, welche unter gewissen Umständen nicht, unter anderen leicht diosmiren, und endlich kennt man schon mehrere, welche in krystallähnlichen Formen sich ausscheiden, wie Albuminate, Amylodextrin und Inulin. Wir können also nicht zwei Gruppen von Stoffen, sondern nur verschiedene Eigenschaften unterscheiden, die bald so, bald anders zusammentreffen und bei der nämlichen Verbindung je nach den äusseren Einflüssen sich ungleich verhalten.

Die wichtigste Eigenschaft, in der die Lösungen sich verschieden zeigen, besteht in der molekularen Konstitution. In dieser Beziehung giebt es zwei Klassen, einerseits die Lösungen von Salzen, Zucker u. s. w., anderseits diejenigen der organisirten Stoffe (Eiweiss, Stärke, Cellulose). In den ersteren sind zwischen den Wassertheilchen die vereinzelten Moleküle, in den letzteren die vereinzelten Micelle (krystallinische Molekülgruppen) vertheilt.

Wenn man einen Krystall von Salz oder von Zucker in Wasser legt, so lösen sich von demselben Moleküle ab, welche sich in der ganzen Flüssigkeitsmasse verbreiten. Dieser Vorgang kommt zu Stande 1. durch das Verhältniss der Anziehung der Salzmoleküle unter sich, der Wassermoleküle unter sich und der Salzmoleküle zu den Wassermolekülen, und 2. durch die Bewegungszustände, in denen sich die kleinsten Theilchen befinden, durch die schwingende Bewegung der Krystallmoleküle und die fortschreitende Bewegung der Wassermoleküle. Ist die lebendige Kraft, mit der ein oberflächliches Krystallmolekül in Folge seiner eigenen Schwingung und des Stosses der anprallenden Wassermoleküle sich in der Richtung gegen das Wasser bewegt, vermehrt durch die Gesammtanziehung, welche das Wasser auf dasselbe ausübt, grösser als die Summe der Kohäsion, durch welche es an den Krystall gebunden ist, und der Kohäsion des Wassers, welche es zu überwinden hat, so geht es in die Lösung über. Unter anderen, leicht zu beurtheilenden Umständen kehrt ein Molekül aus der Lösung zum Krystall zurück, um denselben zu vergrössern, oder auch um mit anderen Molekülen den Anfang zu einem neuen Krystall zu bilden. In der gesättigten Lösung halten sich beide Bewegungen das Gleichgewicht.

Während der Zucker sich in Wasser löst, ist die damit verwandte Stärke und Cellulose unlöslich; es gehen keine Stärkemoleküle von dem Stärkekorn in das Wasser über. An diesem ungleichen Verhalten können verschiedene Ursachen betheiligt sein: die geringere Verwandtschaft von Stärke und Wasser, die grössere Kohäsion der Substanz des Stärkekorns, das grössere Gewicht und die schwächeren Bewegungszustände der Stärkemoleküle. Welcher Antheil an der Wirkung jeder der genannten Ursachen zukomme, ist für die vorliegende Betrachtung ohne Belang.

Die Stärkekörner, die Cellulosemembranen, sowie alle andern organisirten Gebilde, sie mögen aus eiweissartigen, leimgebenden, elastischen, hornartigen oder anderen Substanzen bestehen, sind nicht unmittelbar aus den Molekülen aufgebaut, so dass diese eine kontinuirliche Zusammenordnung bilden würden, — sondern die nächsten Bestandtheile sind krystallinische Molekülgruppen (Micelle), welche im imbibirten Zustande je durch eine Wasserschicht von einander getrennt sind. Die Krystallnatur der Micelle ergiebt sich vorzüglich aus dem optischen Verhalten gegen das polarisirte Licht, ihre Benetzung mit Wasserhüllen aus den Erscheinungen beim Aufquellen und Eintrocknen der organisirten Substanzen. Ich setze diese Kenntniss des organisirten Baues, welcher schon vor 20 Jahren nachgewiesen wurde, voraus[1]) und verweise übrigens auch auf die Anmerkung am Schlusse dieser Abhandlung.

In analoger Weise wie die Salz- und Zuckerkrystalle sich im Wasser in die einzelnen Moleküle auflösen, können die organisirten Körper in einer geeigneten Lösungsflüssigkeit in die Micelle zerfallen und eine Lösung bilden. Die Ursachen für den letzteren Vorgang sind die nämlichen wie für den ersteren. Da aber die (krystallinischen) Micelle selbstverständlich unter einander einen weniger festen Zusammenhang haben als die Moleküle der nämlichen Verbindung, so ist es begreiflich, dass die Lösungsursachen sich schon mächtig genug erweisen, um Micelle von einem Körper loszutrennen und eine Micellarlösung zu bilden, während sie noch viel zu schwach sind, um die Micelle in die Moleküle zu zerlegen und eine Molekularlösung herzustellen. Alle organisirten Körper zerfallen zuerst in die Micelle, wenn

---

[1]) Nägeli, Stärkekörner 1858; Sitzungsberichte der kgl. bayer. Akademie der Wissenschaften 8. März 1862 (Botanische Mittheilungen I, 183); Sachs, Handbuch der Experimentalphysiologie der Pflanzen 1865; Nägeli und Schwendener, Mikroskop 1877.

überhaupt eine Trennung in kleinste Theilchen möglich ist; und im Allgemeinen sind von den organisirten Verbindungen bloss Micellarlösungen bekannt, die auf sehr verschiedene Weise erhalten werden.

Die Annahme, dass die organisirten Substanzen bei der Lösung in die Micelle und nicht in die Moleküle zerfallen, ist nicht bloss eine theoretische Folgerung aus den vorhandenen Umständen, sondern sie wird auch durch mehrere Thatsachen bestätigt, welche zugleich die unterscheidenden Merkmale der Micellarlösungen gegenüber den Molekularlösungen aufzeigen. Die wichtigste Thatsache ist die, dass die kleinsten Theilchen der Lösungen organisirter Verbindungen beim Uebergang in den festen Zustand sich nicht zu Krystallen, sondern zu krystallähnlichen Körpern zusammenlegen, deren Bau mit dem der organisirten Substanzen übereinstimmt. Ich habe dieselben „Krystalloide" im Gegensatz zu den wirklichen Krystallen genannt, weil der Name Krystalloid für eine krystallisirende Substanz im Sinne von Graham entweder überflüssig ist, oder dann richtiger Krystallogen heisst.

Die „Krystalloide" haben die grösste Aehnlichkeit mit Krystallen, aber sie imbibiren sich mit Wasser, verlieren dasselbe wieder durch Verdunstung (Eintrocknen) und sind unter dem Einfluss stärkerer Mittel (Säuren, Alkalien u. s. w.) einer weitergehenden Quellung fähig. Die Micelle in den Krystalloiden sind also im benetzten Zustande durch Flüssigkeitsschichten getrennt. Diese Micelle erweisen sich mit Hilfe des polarisirten Lichtes als doppelbrechende winzige Kryställchen. Sie sind ferner, was ihre Zusammenordnung betrifft, entweder, wie die Moleküle in den gewöhnlichen Krystallen, in parallele Ebenen geordnet, die nach drei räumlichen Dimensionen verlaufend sich kreuzen (in den Krystalloiden der Albuminate), oder in Kugelschalen um einen gemeinsamen Mittelpunkt (in den Sphaerokrystalloiden von Inulin) oder in Cylindermänteln um eine gemeinsame Achse gelagert (in den Cylindrokrystalloiden oder Diskokrystalloiden von Amylodextrin). Die Analogie mit den Krystallen besteht darin, dass die Micelle in der nämlichen Schicht gleichartig gerichtet sind und dass die gleichlaufenden Schichten in ihrer Orientirung mit einander übereinstimmen.

Die Krystalloide der Albuminate haben im Pflanzenreiche eine ganz allgemeine Verbreitung [1]; sie entstehen auch aus Micellarlösungen auf

---

[1] A. F. W. Schimper, Proteïnkrystalloide der Pflanzen 1878.

künstlichem Wege. Von Kohlenhydraten ist bis jetzt die Krystalloid-
bildung bei Inulin und Amylodextrin gelungen. Es ist sehr wahrscheinlich, dass von allen Substanzen, welche Micellarlösungen bilden, auch
Krystalloidausscheidungen erhalten werden können. Aber das richtige
Verfahren dafür zu finden, ist viel schwieriger als bei der Erzeugung
von Krystallen, weil die Neigung, sich in unregelmässiger Weise an
einander zu legen und amorphe Massen zu bilden, aus natürlichen
Gründen bei den Micellen viel grösser ist als bei den Molekülen.

Die Micellarlösungen, welche durch den Zerfall der organisirten
Körper entstehen, können ihren Charakter etwas verändern, indem die
Micelle in kleinere Micelle zerfallen. Aber eine Auflösung in die einzelnen Moleküle scheint bei keiner organisirten Verbindung ohne
chemische Umsetzung möglich zu sein. Am wahrscheinlichsten lässt
sich dieses Verhalten bei der Stärke darthun. Die durch Jod sich
gelb und roth färbenden Modifikationen der eigentlichen Stärke, welche
die grössten Micelle haben, konnten noch nicht in Lösung erhalten
werden. Die blaue Modifikation der Stärke löst sich und geht durch
wiederholtes Zerfallen der Micelle in das (durch Jod) violette, dann
in das rothe Amylodextrin, nachher in das rothgelbe und zuletzt in
das gelbe Dextrin über[1]. Das letztere stellt noch eine Micellarlösung
dar. Die Spaltung in die einzelnen Moleküle ist nur mit der chemischen Umsetzung in Zucker möglich. Ganz ebenso verhält sich die
Cellulose, und die Albuminate sowie die leimgebenden Substanzen
werden nur, indem sie sich in Peptone umwandeln, zu Molekularlösungen.

Die molekulare Unlöslichkeit der organisirten Verbindungen muss
überhaupt als eine der wichtigsten Eigenschaften für das Bestehen der
Organismen betrachtet werden. Nur dadurch, dass der lösliche Zucker
in die unlösliche Cellulose übergeführt wird, ist die Sicherheit gegeben,
dass die Zellmembran der Pflanzen unter allen äusseren Verhältnissen
Bestand hat und nicht etwa einmal als Lösung davongeht, und nur
dadurch, dass die Zuckermoleküle in Cellulosemoleküle sich umwandeln,
welche als unlöslich nicht in Wasser sich fortbewegen, sondern mit
anderen sich vereinigen, ist die Möglichkeit gegeben, dass in jedem
kleinsten Raum Celluloseausscheidung und Micellbildung beginnen kann.
Ebenso verdanken es die Albuminate nur ihrer molekularen Unlös-

---

[1] W. Nägeli, Stärkegruppe 1874.

lichkeit, dass sie nicht durch Diosmose aus den wasserbewohnenden Organismen entweichen, sondern als Micelle alle die verschiedenen Aufgaben erfüllen können, welche dem Plasma zukommen, wobei es von sehr verschiedenen, meist nicht näher bestimmten Umständen abhängt, ob sie eine feste organisirte Substanz oder eine Micellarlösung darstellen.

Die Micelle sind in Lösung wegen ihres beträchtlicheren Gewichtes viel weniger beweglich, als es die Moleküle in Lösung sind, und legen sich daher leicht an einander an. Ich will diese Vereinigungen, welche mehrere charakteristische Eigenschaften der Micellarlösungen erklären, Micellverbände nennen. — Eine Lösung von Leim oder von Pektin ist in der Wärme dünnflüssig und gesteht bei gewöhnlicher Temperatur zu einer Gallerte, welche möglicherweise nur wenige Procent Substanz enthält. Wir können uns dieses Gelatiniren wohl nur in der Art vorstellen, dass die Micelle sich in Ketten an einander anhängen und ein Gerüste von Balken mit weiten Maschen bilden, in welchem das Wasser eingeschlossen ist und durch Molekularanziehung zwar nicht in einem ganz unbeweglichen, aber doch in einem weniger beweglichen Zustande festgehalten wird. Nur auf diesem Wege wird es möglich, mit wenig Substanz und viel Wasser ein festes Gefüge herzustellen, wie es uns die Gallerte darbietet [1]).

Da in den Micellarlösungen, besonders wenn sie mehr Substanz enthalten, die Micelle sich an einander anhängen, so erscheinen solche Flüssigkeiten matt und opalisirend, — ein Beweis, dass das Licht ungleich gebrochen wird. Wären die Micelle alle vereinzelt und in Folge dessen auch ziemlich gleichmässig vertheilt, wie dies für die Molekularlösungen im Allgemeinen anzunehmen ist, so müsste bei der Kleinheit der Micelle die Lösung klar erscheinen.

Da die Theilchen einer gelösten Substanz von den durcheinanderwogenden Wassermolekülen um so schwieriger suspendirt erhalten

---

[1]) Die Rechnung ergiebt, dass für die Annahme kubischer Maschen, welche ein mittleres Verhältniss zwischen Substanz und Wasser darstellen, beispielsweise in einer Gallerte mit 3 % Trockensubstanz der Durchmesser der wasserführenden Maschenräume zu der Dicke der die Kanten derselben bildenden, aus Micellketten bestehenden Balken das Verhältniss zeigt von 10 : 1 oder 11 : 1 je nach dem specifischen Gewicht der letzteren, — in einer Gallerte mit 10 % Trockensubstanz das Verhältniss von 6 : 1 oder 8 : 1, — in einer Gallerte mit 20 % Trockensubstanz das Verhältniss von 4 : 1 oder 6 : 1.

werden, je grösser und schwerer sie sind, so bilden sich aus den
Micellarlösungen viel leichter Niederschläge als aus den Molekularlösungen, und ebenso gehen molekulare Niederschläge viel leichter
wieder in Lösung als micellare Niederschläge. Aus der heissen Lösung von Amylodextrin fällt beim Erkalten ein grosser Theil heraus
und von festem Amylodextrin wird durch kaltes Wasser nichts gelöst,
während das aus kleineren Micellen bestehende Dextrin auch in der
Kälte sich auflöst.

Das Kaseïn der Milch bildet eine vollkommene, wenigstens unter
dem Mikroskop ganz klar erscheinende Lösung; es schlägt sich aber
nach langer Zeit nieder. Ich habe im Jahre 1868 viele Versuche über
Konservirung von Milch angestellt. Dieselbe wurde in luftdicht verschlossenen Flaschen auf 110 bis 120° erwärmt. Bei hinreichender
Dauer der hohen Temperatur blieb die Milch 7 bis 8 Jahre unverändert, aber das Kaseïn schied sich als Bodensatz aus, während die
grösste Menge des Fettes eine Rahmdecke bildete. Die beginnende
Scheidung wurde bei Zimmertemperatur 4 bis 6 Monate nach dem
Erhitzen als schmale wasserhelle Zone unter der Rahmdecke wahrgenommen; diese Zone wurde dann langsam breiter, und zuletzt war
der grössere Theil der Flüssigkeit klar. Wurden solche Flaschen
heftig geschüttelt (so gut es der Umstand, dass sie ziemlich gefüllt
waren, erlaubte), so nahm die Milch wieder ganz das ursprüngliche
Aussehen, das sie nach dem Erhitzen gezeigt hatte, an. Doch zer-
fielen die Micellverbände, die beim Ausfällen entstanden waren, beim
Schütteln offenbar nicht vollständig. Denn nach dem Schütteln begann,
und zwar schon nach mehreren Tagen, wieder eine zwar langsame,
aber diesmal in viel kürzerer Zeit beendigte Scheidung. — Ich bemerke
noch, dass, wenn das Erhitzen nicht lange genug dauerte oder nicht
hoch genug stieg, um die Spaltpilze zu tödten, Verderbniss der Milch
eintrat, welche bei höchster Schwächung der Pilze nur durch bitteren
Geschmack, bei geringerer Schwächung ausserdem durch Gasentwicklung und Koaguliren des Kaseïns sich kundgab[1]).

---

[1]) Versuche, welche in neuester Zeit angestellt wurden, ergaben die merkwürdige Thatsache, dass in Flaschen, in denen bei grösster Schwächung der
Spaltpilze die Milch sich klärte und ausser der Bitterkeit sonst keine Veränderung in Geschmack und Geruch zeigte, das Kaseïn nach 2 Jahren vollständig in Pepton umgewandelt war (ohne Zweifel durch die von den Spaltpilzen ausgeschiedenen Fermente). Bei den früheren Versuchen war der dem

Die Micellarlösungen zeigen die Eigenthümlichkeit, dass sie bei langsamem Ausfliessen sich nicht in Tropfenform trennen, sondern zu langen dünnen Fäden ausziehen. Bei der langsamen Bewegung, wobei die Micelle in der nämlichen Richtung strömen, legen sie sich in Ketten an einander und wirken so dem Bestreben der beweglichen Wassermoleküle zur Tropfenbildung entgegen.

Die Annahme, dass die angeführten Erscheinungen der Micellarlösungen, welche sie so charakteristisch von den Molekularlösungen unterscheiden, wirklich durch die Micellverbände hervorgebracht werden, ist um so sicherer, als ganz ähnliche Erscheinungen bei einem sichtbaren Objekt, nämlich bei den Spaltpilzen beobachtet werden, wenn dieselben aus Mangel an Eigenbewegung in einer Flüssigkeit sich zu Verbänden an einander legen können. Die Spaltpilze geben dann der Flüssigkeit bei ungleicher Vertheilung ebenfalls ein opalisirendes Aussehen, sie machen dieselbe durch ihr Zusammenhängen schleimig und fadenziehend, sie bewirken langsam sich bildende Niederschläge, sie verketten sich zuweilen zu einem durch die ganze Flüssigkeit ausgespannten Gerüste von äusserst zarten und zerbrechlichen Fäden, — was sich Alles leicht mikroskopisch nachweisen lässt und uns die Berechtigung giebt, die nämlichen Wirkungen bei den viel kleineren Micellen aus analogen Ursachen herzuleiten.

Die Neigung der Micelle, Verbände zu bilden, erklärt uns auch die Verschiedenheit zwischen Micellar- und Molekularlösungen bezüglich der Diosmose. Dass die ersteren nicht oder nur in geringer Menge durch Membranen hindurchgehen, glaubte ich früher auf Rechnung der beträchtlicheren Grösse und der dadurch bedingten geringeren Beweglichkeit der Micelle gegenüber den Molekülen setzen zu können. Indess reicht dieser Umstand allein nicht zur Erklärung aller Thatsachen aus, besonders da manche micellar-gelöste Substanzen unter den einen Umständen in geringer, unter anderen in grosser Menge diosmiren. Die Interstitien einer Cellulosemembran sind gross genug, um Eiweissmicelle durchgehen zu lassen, wie wir beispielsweise aus dem Verhalten der Sprosshefezellen in alkalischen Lösungen und bei der Gärung in schwachsauren Flüssigkeiten ersehen. Die Ursache,

---

Geschmacke nach ganz unveränderte Inhalt nicht auf Pepton und Kaseïn geprüft worden, da in dem reichlichen Bodensatz der ganze Kaseïngehalt ausgefällt und die Wirksamkeit von lebenden Pilzen vollkommen ausgeschlossen zu sein schien.

warum in anderen Fällen der Durchgang unmöglich ist, muss also
darin liegen, dass die Micelle sich zu Verbänden an einander legen,
und dies wird natürlich da besonders leicht geschehen, wo sie beim
Eintritt in die Kanäle von mikroskopischer oder selbst von mikroskopisch unsichtbarer Feinheit sich anhäufen und zugleich langsamere
und gleichmässigere Bewegungen annehmen.

Ich habe bereits angeführt, dass mir kein Grund vorhanden zu
sein scheint, warum die Kaseïnmicelle in der Milch nicht eine vollkommene Lösung darstellen sollten; und der richtige Ausdruck für das
Verhalten des Kaseïns in der Milch ist, wie ich glaube, „Micellarlösung" und nicht „stark aufgequollener Zustand", wie einige Forscher
meinten. Der stark gequollene Zustand tritt erst beim Koaguliren auf,
wenn die Micelle sich alle an einander anlegen, in ähnlicher Weise,
wie es beim Gelatiniren des Leims und des Pektins der Fall ist. Die
Milch geht bekanntlich durch ein Papierfilter; aber bald verstopfen
sich die Poren durch die zusammenhängenden Kaseïnmicelle. Eine
gebrannte feinporige Thonplatte dagegen, auf welche man langsam
Milch in einer 2 mm dicken Schicht aufträgt, saugt, wie J. Lehmann
gezeigt hat, das Serum auf und lässt Kaseïn und Fett zurück. Offenbar legen sich die Kaseïnmicelle beim Eingang in die engen Poren zu
Verbänden an einander und machen damit ihr Eindringen unmöglich.
Die Richtigkeit dieser Erklärung wird auch durch die Thatsache bewiesen,
dass das auf Thonplatten gewonnene Kaseïn in seinem Verhalten mit
dem durch Lab gefällten übereinstimmt; es quillt in Wasser auf, geht
aber nicht durch Filtrirpapier hindurch; dagegen bildet es in Kalk-
wasser wieder eine Lösung.

Wenn meine Erklärung, warum Micellarlösungen nicht oder schwer
diosmiren, richtig ist, so muss man die Diosmose vermehren können,
dadurch, dass man die molekularen Bewegungen in der Flüssigkeit
lebhafter macht, oder dass man die Affinität der Micelle unter sich
vermindert, indem durch beide Mittel die Micellarverbände zum Zerfallen in die einzelnen Theile veranlasst werden. Diese Wirkung haben
je nach der Substanz Säuren oder Alkalien, wobei einstweilen fraglich
bleibt, ob dieselben durch das eine oder das andere oder durch beide
Mittel zugleich wirken. Wasser zieht aus den Bierhefenzellen kein
Eiweiss aus, dagegen vermag dies eine alkalische Lösung. Die Anwesenheit von kohlensaurem Ammoniak verändert jedenfalls die Molekularbewegungen des Wassers, möglicherweise macht es sie lebhafter,

möglicherweise nur specifisch anders und dadurch geeignet, gerade die Micellarverbände des Eiweisses zu trennen. Die Anwesenheit von kohlensaurem Ammoniak verändert aber jedenfalls auch die Molekularanziehungen, und vielleicht genügt dies allein, um das Zerfallen zu erklären. Wahrscheinlich wirken beide Ursachen zusammen. — Die Diosmose von Eiweiss in alkalischer Lösung beruht also darauf, dass die Micellarverbände in die einzelnen Theile sich trennen, oder vielmehr dass solche Verbände nicht zu Stande kommen. Dies ist um so begreiflicher, als ja alkalische Flüssigkeiten auch festes Eiweiss zu lösen vermögen. — Andere organisirte Substanzen werden durch die Anwesenheit von Säuren befähigt, Micellarlösungen zu bilden oder in solchen durch Membranen zu diosmiren. Ausser den Kohlenhydraten nenne ich das Pepsin, welches in neutraler Lösung nicht, wohl aber in salzsaurer Lösung durch die Membran der Pflanzenzellen hindurchgeht [1]).

Während die Alkalien die Trennung der Eiweissmicelle befördern, haben Säuren oft den gegentheiligen Erfolg; sie bewirken die Vereinigung der Eiweissmicelle und den Uebergang der Lösung in den festen geronnenen Zustand. Daraus erklärt sich, warum das Eiweiss, welches aus gärthätigen Zellen in neutralen oder schwach sauren Lösungen herausdiosmirt, in stärker sauren Flüssigkeiten dies nicht vermag.

Die Theorie, dass Micellarlösungen desswegen nicht diosmiren, weil die Micelle dicht an der Membran oder innerhalb derselben sich zu Verbänden an einander legen, lässt sich experimentell auch dadurch prüfen, dass man das Verhalten der nämlichen Verbindung bei verschiedenen Temperaturen vergleicht. Die höhere Temperatur müsste, weil sie die Molekularbewegungen der Flüssigkeiten beschleunigt, auch die Diosmose steigern, und zwar die Diosmose der Micellarlösungen in höherem Grade als diejenige der Molekularlösungen, weil bei jenen noch ein günstiges Moment, die Trennung der Micellarverbände, hinzukommt. Zwar sind die Albuminate für solche Versuche ungeeignet, da die Eiweissmicelle ein exceptionelles Verhalten zeigen und durch Hitze zur Vereinigung veranlasst werden [2]). Dagegen erscheinen Leimlösungen dazu geeignet, denn sie werden in der Wärme dünnflüssig.

---

[1]) Sitzungsberichte der kgl. bayer. Akademie der Wissenschaften vom 4. Mai 1878.

[2]) Der Umstand, dass Eiweisslösungen in der Hitze Micellarverbände bilden und fest werden, ist nicht im Widerspruche mit der Theorie, dass

4 g Leim, mit destillirtem Wasser zu 100 ccm gelöst, wurden in einem Dialysator aus Pergamentpapier der Dialyse gegen 700 ccm Wasser unterworfen. Die Temperatur betrug 80⁰ C. Nach 4 Stunden waren 0,243 g Leim übergetreten, wie sich aus dem bei 100⁰ getrockneten Rückstand ergab. — Der nämliche Dialysator wurde nachher zu einem Versuch mit ganz den nämlichen Verhältnissen, aber bei gewöhnlicher Temperatur (15—16⁰ C.) benutzt. Nach 16 Stunden waren 0,108 g Leim gegen das Wasser diosmirt. — Es gingen also bei gewöhnlicher Temperatur in der Stunde 0,00675 g Leim durch die Membran, bei 80⁰ C. dagegen 0,06075 g, d. i. genau die 9 fache Menge.

Es ist recht gut möglich, dass dieser grosse Unterschied durch zwei zusammentreffende Momente bedingt wird, durch den Umstand, dass bei höherer Temperatur die diosmotischen Strömungen überhaupt lebhafter werden, und durch den Umstand, dass die Leimmicelle sich weniger leicht an einander legen und die Poren der Membran unwegsam machen. Um dies zu beurtheilen, sollte man wissen, in welchen Verhältnissen die Molekularlösung einer verwandten chemischen Verbindung (Leimpepton) bei gewöhnlicher und bei höherer Temperatur diosmirt. Da eine solche nicht zu Gebote stand, so wurde ein Versuch mit Zucker angestellt.

100 ccm einer 10 proc. Rohrzuckerlösung diosmirten in dem nämlichen Dialysator, der zu den Leimversuchen gedient hatte, gegen 700 ccm Wasser. Bei 80⁰ C. gingen während 4 Stunden 5,28 g, also in der Stunde 1,32 g Zucker durch die Membran, bei 15—16⁰ C. dagegen während 16 Stunden 3,72 g, also in der Stunde 0,2325 g. Bei der höheren Temperatur betrug die Menge des übergetretenen Zuckers 5,68 mal so viel als bei gewöhnlicher Temperatur.

Die Steigerung der Diosmose in der Wärme war also bei Zucker ebenfalls eine sehr beträchtliche, wenn sie auch nicht derjenigen beim

---

Micellarverbände, welche sich bei einer bestimmten Temperatur gebildet haben, bei höherer Temperatur zerfallen müssen (sofern nicht etwa vorher chemische Umsetzung eintritt), so wenig als die Thatsache, dass ein Gemenge von Sauerstoff und Wasserstoff bei gewöhnlicher Temperatur unverändert bleibt und erst bei hoher Temperatur sich zu Wasser vereinigt, im Widerspruche mit dem Gesetze steht, dass Temperatursteigerung alle Moleküle zur Dissociation bringt.

Leim gleichkommt. Aus den angeführten Versuchen darf aber noch
kein Schluss auf das Verhalten von Molekular- und Micellarlösungen
bei Temperaturerhöhungen gezogen werden. Es bedürfte für eine
gründliche und sichere Beantwortung der Frage einer ganzen Reihe
von experimentellen Thatsachen mit verschiedenen chemischen Verbindungen und mit verschiedenen Koncentrationsstufen.

Aus der vorstehenden Erörterung geht mit ziemlicher Gewissheit hervor, dass die Lösungen von organisirten Substanzen
überhaupt und besonders auch diejenigen von Eiweiss nur desswegen nicht durch Membranen diosmiren, weil die Micelle sich
an einander anhängen, und dass die Diosmose erfolgt, sobald es
in irgend einer Weise gelingt, die Verbände zu lösen und die
Micelle zu isoliren. Diese Erkenntniss dient uns nun dazu, die
Erfahrungsthatsache zu erklären, dass die Hefenzelle während
der Gärthätigkeit Eiweiss ausscheidet, was sie sonst nicht zu
thun vermag. Wir können die Ursache davon nicht etwa in der
Anwesenheit der Gärprodukte finden; es wird im Gegentheil der
durch die Gärung gebildete Alkohol die Neigung der Eiweissmicelle, sich an einander zu legen, eher befördern als hemmen.
Die Ursache kann also nur in einer vermehrten Bewegung der
kleinsten Theilchen gefunden werden.

In dieser Beziehung wissen wir, dass ein bestimmter Bewegungszustand des Plasmas der Hefenzellen die Gärung bewirkt.
Doch hilft uns dies noch nichts, denn der bestimmte Bewegungszustand ist dem Zelleninhalt eigen, auch wenn kein zu ver-
gärendes Material vorhanden ist. Wir wissen aber ferner, dass
der Gärprocess auf die Lebensbewegung sehr günstig zurückwirkt,
dass die durch denselben ausgelösten Spannkräfte nur zum Theil
als Wärme frei werden, zum Theil aber diejenigen molekularen
Bewegungen verstärken, welche die Ernährung bedingen, also
auch die molekularen Bewegungen der Zellflüssigkeit und der
darin gelösten Stoffe, zu denen das gelöste oder cirkulirende
Eiweiss gehört. Diese vermehrte Bewegung verhindert die Ver-

bandbildung der Eiweissmicelle und gestattet ihnen, die Zelle diosmotisch zu verlassen [1]).

Die Eiweissausscheidung gärthätiger Sprosshefenzellen erfolgt nur in neutralen oder schwach sauren Lösungen. Dass sie in stärker sauren Flüssigkeiten aufhört, beweist uns bloss, dass durch die Säure die Diosmose des Eiweisses in höherem Grade beeinträchtigt wird als die Gärthätigkeit und die Ernährung der Zellen, dass durch die Säure die Vereinigung der Eiweissmicelle mehr befördert als die Gärung verlangsamt wird. Daher kann in einer sauren Zuckerlösung die Ausscheidung von Eiweiss schon ganz aufhören, während die Gärung noch lebhaft von Statten geht.

Es befindet sich also der merkwürdige Einfluss, den die Gärung auf die Diosmose des Eiweisses ausübt, mit den Erscheinungen, die sich daran knüpfen, in voller Uebereinstimmung mit der molekularphysikalischen Theorie und den aus ihr sich ergebenden Folgerungen, während jede der anderen Gärungstheorieen zur Erklärung besondere Hilfshypothesen in Anspruch nehmen müsste.

Zum Schluss scheint es zweckmässig, einige Bemerkungen über die Verbreitung der besprochenen Erscheinungen im Pflanzenreiche beizufügen. Was die Fermentwirkungen betrifft, so finden wir sie wohl bei allen Pflanzen, und nicht nur bei ihnen, sondern bei allen Organismen überhaupt. Unter den Fermenten giebt es solche, die eine mehr oder weniger allgemeine Verbreitung besitzen, während andere vielleicht besonderen Ordnungen oder Gattungen eigenthümlich sind. Die eigentlichen Gärwirkungen dagegen sind sämmtlich specifische Eigenschaften,

---

[1]) Der Verlust von Eiweiss ist zwar an und für sich eine Schwächung der Zelle. Er macht sich aber in diesem Falle nicht als solche geltend, da er nur einen Theil der durch die Gärthätigkeit bewirkten Mehrproduktion beträgt.

insofern sie im normalen Zustande d. h. bei gesunder kräftiger
Vegetation nur bestimmten Pilzformen zukommen, die Alkoholgärung nur einem Theil der Sprosspilze[1]), die Milchsäuregärung
nur gewissen Spaltpilzen, die Essiggärung nur dem Essigpilz
(Essigmutter und Essighäutchen) u. s. w. Dies ist der Grund,
warum ich Bedenken trage, die gänzliche Verbrennung als Gärung
zu betrachten, obgleich sie, wie ich bereits oben sagte, als mechanischer Vorgang die nämliche Erklärung zu verlangen scheint
wie die Oxydationsgärung bei der Essigbildung. Allein sie kommt
allen niederen Pilzen (wohin auch die schimmelartigen Generationen oder Anfänge der höheren Pilze zu rechnen sind) ohne
Ausnahme zu, und sie oxydirt alle im Wasser gelösten organischen Verbindungen zu Kohlensäure, Wasser und Stickstoff;
sie oxydirt selbst Ammoniak und mineralische Verbindungen.
Die Verbrennung ist aber ungleich stark je nach dem Luftzutritt, daher im Allgemeinen viel lebhafter an der Oberfläche
einer Flüssigkeit als unterhalb derselben. Sie ist ferner ungleich
stark je nach der Beschaffenheit der Pilze, wobei sich die Schimmelpilze wohl als die zur Oxydation tüchtigsten, gewisse Sprosspilze als die schwächsten erweisen.

Im Allgemeinen also haben die niederen Pilze die Fähigkeit,
die organischen Substanzen bei Anwesenheit von freiem Sauerstoff
nicht bloss theilweise, sondern vollständig zu verbrennen. Eine
Ausnahme macht der Essigmutterpilz, welcher den Alkohol bloss
zu Essigsäure[2]) verbrennt. Es mangelt ihm zwar das Vermögen

---

[1]) Ich habe hier nur die Alkoholbildung aus Zucker im Auge, da dieser
Vorgang keinen Zweifel gestattet. In neuester Zeit sind Aethylalkohol-
gärungen aus andern Verbindungen durch Spaltpilze angegeben worden. Nach
den Darstellungen kommen dabei verschiedene Pilzformen vor, und nach den
Beschreibungen wäre es nicht unmöglich, dass darunter sich kleine und
missgestaltete Sprosspilze befänden, wie man sie in ungünstigen Nährlösungen
antrifft. Daher dürfte es noch fraglich sein, wie das Gärungsresultat zu
Stande kommt und welche Rolle die verschiedenen Pilzformen dabei übernehmen.

[2]) Nach soeben beendigten Versuchen auch den Methylalkohol zu
Ameisensäure.

der vollständigen Oxydation nicht gänzlich, aber er besitzt es nur in geringem Masse. Er verbrennt in Jahresfrist nicht so viel Substanz zu Kohlensäure und Wasser, als eine gleiche Zahl von Micrococcus-Pilzen in einer Woche. Es gewährt einiges Interesse, zu untersuchen, welchem Umstande wohl die Essigmutter dieses ausnahmsweise Verhalten nicht bloss unter ihren nächsten Verwandten, den Spaltpilzen, sondern unter allen niederen Pilzen verdanke.

Die Essigmutter, welche aus einer zähen Gallerte (Pilzschleim) mit eingebetteten kurzen Stäbchen besteht, enthält 98,3 % Wasser und 1,7 % Trockensubstanz und in der letzteren (nach einer Bestimmung von Dr. Oskar Loew) 1,82 % Stickstoff und 3,37 % Asche, während eine Micrococcus-Vegetation, in weinsaurem Ammoniak gezogen, beispielsweise 10,65 % Stickstoff und 6,94 % Asche ergab. Wenn wir die Zusammensetzung der Bierhefe und der Micrococcus-Hefe zur Vergleichung benutzen, so erhalten wir für die Essigmutterzellen etwa 12,6 % aschenfreien Zelleninhalt, 84 % aschenfreie Cellulose (Pilzschleim) und 3,4 % Asche. Die Cellulose bildet die dicken schleimigen Membranen, welche zu dem Gallertkuchen verschmolzen sind.

Diese chemische und anatomische Beschaffenheit giebt uns, wie ich glaube, eine ausreichende Erklärung für die eigenthümliche Wirkungsweise. Nur die an der Oberfläche des Kuchens gelagerten Zellen befinden sich in ähnlichen Verhältnissen wie bei den übrigen Pilzen alle Zellen, indem sie an äussere Medien, an Flüssigkeit oder Luft angrenzen. Nur diese wenigen Zellen sind rücksichtlich der Oxydationswirkung so günstig gestellt wie die anderen Pilzzellen. Die Essigmutter entsteht an der Oberfläche der Flüssigkeit und bildet auf derselben einen immer dicker werdenden, den Wandungen des Gefässes dicht anliegenden Pfropf. An einem Kuchen von 100 qmm Oberfläche und 10 mm Dicke, der ungefähr aus 5 Billionen Pilzen besteht, ist es nur etwa der 30000 bis 40000ste Theil der Zellen, welcher unmittelbar an die

Luft grenzt und die volle Einwirkung des Sauerstoffs erfährt.
Von da an abwärts vermindert sich die Sauerstoffmenge, so dass
wohl nur wenige der obersten Zellschichten an der vollständigen
Verbrennung Theil nehmen können. Daraus erklärt sich zur
Genüge, warum in einer locker verpfropften oder offenen Essig-
flasche mit Essigmutter während eines ganzen Jahres der Essig-
gehalt nicht merklich abnimmt. Dass aber während der Essigbildung der Alkohol nur zu Essigsäure und nicht weiter oxydirt
wird, erklärt sich dadurch, dass zu den tieferen Zellschichten
der Essigmutterdecke und zu der ganzen unter derselben befindlichen Flüssigkeit nur wenig Sauerstoff hingelangt.

Der essigbildende Pilz stellt nicht immer die zähen glatten
Gallertkuchen dar, welche man als Essigmutter bezeichnet, und
welche eine Dicke bis 60 und 100 mm erreichen können. In
anderen Fällen ist er ein dünnes schleimiges Häutchen, welches
die Oberfläche der Flüssigkeit bedeckt, bald glatt, bald sehr fein
gerunzelt erscheint und ungefähr die gleiche Dicke behält, da
fortwährend die unteren älteren Partieen desselben auf den Boden
der Flüssigkeit sinken. Die Ursache der verschiedenen Beschaffenheit beruht wohl nur darauf, dass im einen Fall die
Zellmembranen aus einer dichteren und zäheren, im anderen
Fall aus einer weicheren und nicht so fest zusammenhängenden
Gallerte bestehen [1]).

Die Wirkung aber ist ganz analog. Das dünne schleimige
Häutchen bildet einen Abschluss der Flüssigkeit gegen die Luft.
Bloss seine obersten Zellschichten kommen mit einer reichlicheren
Menge Sauerstoff in Berührung und bewirken vollständige Ver-

---

[1]) Der Grund dieser Verschiedenheit scheint in der specifischen Natur
der Zellen (Species oder angepasste Varietäten) und nicht in der Zusammensetzung der Nährflüssigkeit zu liegen; wenigstens erhielt ich auf scheinbar
gleichen, gegorenen Flüssigkeiten von selbst (ohne Einsaat einer bestimmten
Essighefe) bald die dicken und zähen Gallertkuchen, bald die dünnen schleimigen Häutchen.

brennung. In den unteren Zellschichten und in der Flüssigkeit, soweit Essigpilze sich darin befinden, findet unvollständige Oxydation des Weingeistes zu Essigsäure statt. — Dagegen scheint mir das weitere Verhalten der beiden Formen der Essigpilze verschieden zu sein. Während die dicken Gallertkuchen einen Schutz für die Flüssigkeit bilden, gestatten die schleimigen Häutchen eine viel raschere Verbrennung der Essigsäure und somit eine viel raschere Verderbniss des Essigs[1]).

Ausser den beiden Formen des eigentlichen Essigpilzes giebt es noch einen Pilz, welcher zur Essigbildung in einer bestimmten Beziehung steht. Während die beiden ersteren auf neutralen und schwach sauren Flüssigkeiten (z. B. auf Bier) immer von selbst sich einstellen, erscheint auf stärker sauren Flüssigkeiten (auf den meisten alkoholarmen Weinen) zuerst der zu den Sprosspilzen gehörende Kahmpilz, und zwar um so sicherer, je mehr Säure vorhanden ist. Die Kahmhaut bedeckt ebenfalls die Oberfläche und ist durch die starke gekröseähnliche Faltung ausgezeichnet, wesshalb sie mit Recht Saccharomyces mesentericus heisst. Von diesem Kahmpilz glaubt man gewöhnlich, dass er die Essigbildung vermittle. Ich theilte diese Meinung ebenfalls lange Zeit in Folge der bei zahlreichen Gärungsversuchen gemachten gelegentlichen Beobachtungen. Erst als besondere Versuche zur Erledigung dieser Frage von Dr. Walter Nägeli angestellt wurden, offenbarte sich der wahre Sachverhalt.

---

[1]) In Frankreich, wo die Essigfabrikation aus Wein in Fässern vermittelst des Essigpilzes bewirkt wird, benutzt man, nach Pasteur's Angaben zu urtheilen, die dünnen schleimigen Häutchen, und das ist wohl rationell, da dieselben, wie meine Erfahrung zeigt, energischer funktioniren, und weil man den Process zur geeigneten Zeit unterbrechen kann. In der deutschen weinbauenden Schweiz waren wenigstens früher grosse Essigflaschen in den Haushaltungen heimisch. Sie standen in der Wohnstube, wurden nach Massgabe, als man ihnen Essig entnahm, mit Wein aufgefüllt und jährlich einmal (meist am Charfreitag) von der reichlich angewachsenen Essigmutter befreit, von welcher nur ein kleines Stück als Samen wieder in die Flasche kam. Für einen solchen Kleinbetrieb sind nur die langsamer oxydirenden und den Essig erhaltenden Gallertkuchen zweckentsprechend.

Die Kahmhaut besteht anfänglich bloss aus Sprosspilzen (Saccharomyces) und sie behält diese Reinheit um so länger, je saurer die Flüssigkeit ist. So lange ist auch von Essigbildung nichts zu bemerken. Dann treten, früher oder später, zwischen den Sprosspilzen Spaltpilze auf, erst in geringer, dann in zunehmender Zahl. Von jetzt an kann die Essigbildung nachgewiesen werden. Die Funktion des Kahmpilzes ist unschwer zu errathen. Die Sprosspilze sind bekanntlich in sauren Flüssigkeiten existenzfähiger als die Spaltpilze. Sie treten also zuerst allein auf und sie wirken wie eine Schimmeldecke; sie verbrennen die Säure und machen nach hinreichender Dauer die Flüssigkeit neutral. Lange vorher aber können Spaltpilze in der Kahmhaut vegetiren, weil hier durch die Thätigkeit der letzteren die Flüssigkeit wenig sauer geworden ist. Der Kahmpilz hat also die Funktion, dem Essigpilz den Boden zu bereiten; er ist zur Essigbildung um so nothwendiger, je mehr Säure der Wein enthält, und es wird uns begreiflich, warum in einem gegorenen Wein die Essigbildung unterbleiben kann, wenn man die Kahmhaut ausschliesst. Da aber nicht nur die Säuren, sondern auch der Alkohol die Vegetation der Pilze verhindert, so bedarf ferner ein Wein mit geringerem Säuregehalt, damit er zu Essig werde, um so mehr der vorausgehenden Kahmhautbildung, je alkoholreicher er ist. Erreicht aber der Alkohol einen gewissen Procentsatz, der um so grösser sein muss, je weniger Säure vorhanden ist, so bleibt alle Pilzbildung aus[1]).

---

[1]) Die Synonymie der auf gegorenen Flüssigkeiten sich einstellenden Decken liegt in arger Verwirrung, weil man häufig die Morphologie und die Funktion derselben allzuwenig berücksichtigte. Nach meinen Beobachtungen sind folgende Formen zu unterscheiden:

1. **Essigmutter**, wird sehr dick, zäh, gallertartig, mit glatter Oberfläche, oxydirt den Alkohol zu Essigsäure, besteht aus Spaltpilzen. Ulvina aceti, Essigmutterpilz, auch unter dem Namen Mycoderma aceti.

Nicht alle Decken von Sprosspilzen sind Kahmhäute und wirken als solche. Auf weinartigen Flüssigkeiten stellen sich zuweilen nach der Gährung Häute ein, die nicht faltig und gekröseähnlich, sondern lockerkörnig aussehen, und die nicht aus länglichen und lanzettlichen, sondern aus ovalen und rundlichen Zellen bestehen. Solche Decken, obgleich sie lebhaft vegetiren und durch die Partieen, welche sich ab und zu von ihnen ablösen und auf den Grund fallen, einen reichlichen Bodensatz bilden, verändern die Flüssigkeit nach mehreren Monaten scheinbar gar nicht, leiten auch keine Essigbildung ein. Offenbar bewirkt der Kahmpilz eine viel energischere Verbrennung; ob daran bloss die specifische Eigenthümlichkeit oder noch andere äussere Umstände schuld sind, ist noch nicht aufgeklärt.

2. Essighäutchen, bleibt dünn, schleimig, glatt oder feinrunzelig, oxydirt den Alkohol zu Essigsäure, besteht aus Spaltpilzen. Mycoderma cerevisiae, auch unter dem Namen Mycoderma aceti und M. vini.

3. Kahmhaut, Gekrösehaut, wird ziemlich stark und ausgezeichnet gekröseähnlich-gefaltet, mit ziemlich festem Zusammenhang; besteht aus Sprosspilzen (Saccharomyces mesentericus), welche die Fruchtsäuren verzehren; nachher siedelt sich darin der Essigpilz (Spaltpilz) an, welcher den Alkohol zu Essigsäure oxydirt. Mycoderma vini.

4. Falsche Kahmhaut, Glatthaut, wird ziemlich stark, bleibt aber faltenlos, von körnig-lockerem Zusammenhang, besteht aus Sprosspilzen, verzehrt die Fruchtsäuren nicht in bemerkbarer Weise und erlaubt dem Essigpilz nicht sich anzusiedeln.

Essigmutter und Essighäutchen stellen sich auf geistigen Flüssigkeiten ein, die wenig Fruchtsäuren enthalten, dagegen ziemlich viel Essigsäure enthalten können, so namentlich auf Bier, auf Essig, welchem Wein oder Bier zugesetzt wird, selten auf schwachsauren Weinen. Die Kahmhäute dagegen erscheinen regelmässig auf Flüssigkeiten, die eine gewisse Menge von Fruchtsäuren besitzen, die Gekrösehaut auf gegorenem Weinmost und anderen Fruchtsäften, die Glatthaut zuweilen auf eben solchen Flüssigkeiten, welche durch Zucker- und andere Zusätze verändert wurden. Zur Vollständigkeit möge noch die Decke erwähnt werden, die zuweilen auf unvergorenen Flüssigkeiten erscheint:

5. Essigätherhäutchen, dünn, ungefaltet, besteht aus Sprosspilzen (Saccharomyces sphaericus) und aus Spaltpilzen (Essigpilz), deren gleichzeitige Aktion einen Theil des Zuckers in Essigäther überführt.

Ich habe oben gesagt, dass auf zuckerhaltigen wenig sauren Flüssigkeiten bisweilen ein dünnes, meistens aus genau kugeligen Sprosspilzen mit beigemengten Spaltpilzen bestehendes Häutchen auftritt, welches Essigätherbildung veranlasst. Die Sprosspilze haben hier, wie sonst die untergetauchten Alkoholhefenpilze, die Funktion der geistigen Gärung, die Spaltpilze die Funktion der Essigbildung; aus der zeitlichen und räumlichen Vereinigung der beiden Processe ergiebt sich die Essigätherbildung. Daneben ist zweifellos auch eine, aber jedenfalls geringe Verbrennung thätig.

Es haben also alle niederen Pilze das Vermögen, eine vollständige langsame Verbrennung in allen möglichen organischen, in Wasser gelösten Stoffen zu bewirken; ausserdem haben einzelne bestimmte die Fähigkeit, gewisse organische Verbindungen unvollständig zu oxydiren (Essiggärung) oder in eigenthümlicher Weise durch Gärung zu spalten. Aber die langsame vollständige Verbrennung zeigt rücksichtlich der Intensität auch unter gleichen äusseren Umständen sehr grosse Verschiedenheiten, wie schon aus den angeführten Beispielen hervorgeht; die einen Pilze sind dazu viel geeigneter als die anderen[1]). Sie ist also eine allgemeine Eigenschaft mit specifischer Abstufung in der Intensität, während alle Gärungen specifische Eigenthümlichkeiten einzelner Pilzformen sind; und zwar lässt sich als Regel mit wenig Ausnahmen angeben, dass im Allgemeinen die Pilze, welchen die Gärtüchtigkeit abgeht, zur Uebertragung der vollständigen Verbrennung viel geeigneter sind. Wenn ein bestimmtes Gärvermögen nicht nur einer, sondern zugleich mehreren Pilzformen zukommt, so besteht auch hier eine specifische Abstufung in der Intensität, wie das bei der Alkoholgärung (verschiedene Formen von Saccharomyces, Sprossformen von verschiedenen Mucor-Arten) deutlich ist.

Es ist zwar von P a s t e u r die Theorie ausgesprochen worden, dass die Alkoholgärung eine ganz allgemeine Erscheinung sei in

---

[1]) Die Versuche über die langsame Verbrennung besonders durch Schimmel- und Spaltpilze werden in einer besonderen Abhandlung dargelegt werden.

der organischen Natur und dass sie jeder durch Sauerstoffmangel krankhaft afficirten vegetabilischen und animalischen Zelle zukomme, und auch von Anderen wurde Aehnliches wiederholt. Wäre dies richtig, so müssten höchst wahrscheinlich auch die übrigen Gärvorgänge als allgemeine Eigenschaften der organischen Substanz in bestimmten abnormalen Zuständen betrachtet werden.

Die Frage nach der Verbreitung der Gärungen ist von zwei Seiten zu betrachten, zunächst mit Rücksicht auf die beobachteten Thatsachen und dann mit Rücksicht auf allgemein physiologische Gesichtspunkte. Was den ersten Punkt betrifft, so habe ich bereits oben dargethan, dass der Sauerstoffmangel nicht die Ursache der geistigen Gärung sein kann, weil die Hefenzelle in der Zeiteinheit mehr Zucker zerlegt, wenn sie im Genuss des Sauerstoffs sich befindet, als wenn ihr derselbe mangelt. Aus dieser Thatsache, sowie aus vielen anderen Beobachtungen ziehe ich den Schluss, dass die Hefenzellen um so gärtüchtiger sind, je kräftiger sie vegetiren; sowie sie älter und schwächer werden, nimmt auch ihr Vermögen, Zucker in Alkohol und Kohlensäure zu spalten, ab.

Nun ist allerdings nachgewiesen, dass auch in andern Pilzen und in verschiedenen Geweben der übrigen Pflanzen geringe Mengen von Alkohol entstehen. Hier ist es aber wirklich eine abnormale Erscheinung, da sie der Zelle im gesunden und lebenskräftigen Zustande mangelt und erst eintritt, wenn derselben die Nährstoffe, namentlich der Sauerstoff, entzogen werden. Wir finden also nicht sowohl eine Uebereinstimmung als einen Gegensatz rücksichtlich der Alkoholgärung zwischen den betreffenden Hefenzellen und den übrigen Zellen des Pflanzenreiches. Die letzteren (ob alle?) erlangen bei krankhafter Veränderung des Plasma-Inhaltes vorübergehend und in geringem Grade eine Eigenschaft, welche jenen dauernd zukommt und in ihnen um so stärker entwickelt ist, je gesunder und kräftiger sie vegetiren.

Rücksichtlich der übrigen Gärungen lässt uns die Erfahrung noch fast ganz im Dunkeln. Es unterliegt zwar keinem Zweifel, dass die betreffenden Hefenzellen, wie bei der geistigen Gärung, um so energischere Zerlegung verursachen, je lebhafter sie wachsen. Es ist auch Thatsache, dass ähnliche Spaltungsprocesse (Milchsäurebildung und Mannitbildung aus Zucker, Buttersäure- und Essigbildung, Zerfallen von Albuminaten in Ammoniakderivate und andere Stoffe) ausnahmsweise in den Pflanzengeweben auftreten. Dies berechtigt uns aber noch nicht zu einem sicheren Schluss; wir können bloss die Möglichkeit und allenfalls eine etwelche Wahrscheinlichkeit daraus ableiten, dass die verschiedenen Gärvermögen in gewissen abnormalen Zuständen allgemeine Erscheinungen der Pflanzensubstanz seien, wie es mit der Alkoholbildung wirklich der Fall ist.

Was die allgemein physiologischen Gesichtspunkte betrifft, so lassen sich zur Zeit nur zwei derselben, die nächste mechanische Ursache des Zersetzungsvorganges und seine phylogenetische Beziehung, besprechen, und zwar zunächst mit Rücksicht auf die hinreichend erforschte Alkoholbildung. Wenn wir nach der molekularphysikalischen Theorie annehmen, dass bei der geistigen Gärung gewisse Bewegungszustände des Hefenplasmas auf die umgebenden Zuckermoleküle übertragen werden und in denselben das Gleichgewicht in eigenthümlicher Weise stören, so liegt in der weiteren Annahme, dass dem lebenden Plasma anderer Zellen abnormal die gleiche Eigenschaft zukomme, nichts Auffallendes und Unwahrscheinliches. Wenn dasselbe durch Entziehung der Nährstoffe oder durch andere schädliche Einwirkungen aus seinem gewöhnlichen Verhalten krankhaft verändert und zuletzt getödtet wird, so durchläuft es eine abgestufte Reihe von Uebergangserscheinungen, von denen jede einen eigenthümlichen Bewegungszustand darstellt. Es liesse sich nun leicht denken, dass in dieser allmählichen Abstufung auch derjenige Bewegungszustand einmal erscheint, welcher das Zerfallen des Zuckers in Alkohol und Kohlensäure bedingt, — und wäre es ebenso annehmbar, dass auch Bewegungszustände, welche andere Gärungen bewirken, nicht fehlten. Nach der Beschaffenheit aller äusseren und inneren Umstände wird der betreffende Bewegungszustand bald längere bald kürzere Zeit andauern, bald mehr bald weniger energisch sein, bald eine grössere bald eine geringere Menge von Gärmaterial (Zucker) antreffen, und es muss daher die abnormale Alkohol- bildung sich quantitativ sehr ungleich verhalten, wie dies in der That der Fall ist.

Wenn die nämliche Erscheinung in einem Gebiete der orga- nischen Reihe in voller Ausbildung auftritt und einen wesentlichen Theil des Ganzen ausmacht, in einem andern aber verkümmert und bedeutungslos vorhanden ist, so wird dies gewöhnlich und mit Recht so gedeutet, dass sie dort, wo sie den Nutzen gewährte, sich ausgebildet habe, dass sie dagegen in den von jenem Gebiet abstammenden Gebieten, wo sie überflüssig geworden, mehr oder weniger verkümmert sei und sich nur noch in vererbten An- deutungen erhalten habe. Eine solche Erklärung wäre aber für den vorliegenden Fall offenbar unstatthaft; denn es wird Niemand etwa behaupten wollen, dass alle übrigen Pflanzen, in welchen abnormale Alkoholbildung vorkommt, als Abkömmlinge der Spross- hefenpilze zu betrachten seien.

Es ist aber auch die entgegengesetzte Erklärung möglich; eine Erscheinung ist bei den Vorfahren unscheinbar und ohne Bedeutung und bildet sich bei den Nachkommen, denen sie Nutzen gewährt, aus. Dies muss sogar immer der Fall sein; jede Eigenschaft muss, da sie nicht aus Nichts entstehen kann, bei den Vorfahren schon in irgend einer Weise als Anlage vor- handen gewesen sein. Nur sind diese Anlagen selten augenfällig und nachweisbar.

Das Vermögen, Zucker in Alkohol und Kohlensäure zu spalten, kommt dem Plasma einer Menge von Pflanzenzellen im krankhaften Zustande und in geringem, oft kaum bemerkbarem

Masse zu. Es ist, wie so viele andere, eine aus den Molekular-
verhältnissen mit Nothwendigkeit hervorgehende Eigenschaft, die
aber noch keine physiologische Bedeutung hat. Diese Eigenschaft kann im Laufe der Generationen zu- oder abnehmen; sie
wird aber nach physiologischen Gesetzen nur da sich sehr bedeutend steigern und normal werden, wo die Vergärung des
Zuckers sich als vortheilhaft erweist. Solches ist bei manchen
Sprosspilzen geschehen. Warum nur gerade bei diesen, ist vorerst noch ein Räthsel. Es lässt sich kaum eine Andeutung
geben, warum die Sprosspilze mehr als andere geeignet waren,
durch geistige Gärung Kraft zu gewinnen und dadurch die
Fähigkeit zu erlangen, in sauerstofflosen Flüssigkeiten zu leben.
Indessen spricht dieser Mangel nicht etwa gegen die Auffassung
überhaupt, da er ja im Grunde noch allen phylogenetischen
Erklärungen anklebt. Dass es aber Pilze giebt, welche bald in
nicht gärtüchtigen Schimmelformen, bald in gärtüchtigen Sprosspilzformen auftreten (wie die Mucor-Arten), spricht ebenfalls
nicht gegen die phylogenetische Erklärung, sondern beweist nur,
wie leicht die beiden Zustände in einander übergehen, wenn
einmal beide zu Eigenschaften der gleichen Species geworden sind.

Die selbständigen Sprosspilze (Saccharomyces) sind ohne
Zweifel aus Schimmelpilzen entstanden, und für sie besonders gilt
die phylogenetische Ableitung der Gärtüchtigkeit. Der genetische
Zusammenhang der Spaltpilze mit andern niederen Pflanzen ist
noch dunkel; es ist möglich, dass sie von den morphologisch
verwandten Nostochinen (im weiteren Sinne) abstammen, wiewohl
auch das Umgekehrte nicht ausgeschlossen ist. Innerhalb der
Spaltpilzgruppe selber lassen sich manche morphologische Formen
durch die Kultur leicht in einander umwandeln, und die specifischen Gärtüchtigkeiten gehen ebenfalls durch Kultur leicht
verloren oder werden in andere übergeführt. Hier verhalten sich
die verschiedenen morphologischen und physiologischen Merkmale
innerhalb der Species ähnlich wie die Schimmel- und Spross-

formen bei Mucor, indem sie unter geänderten äusseren Umständen bald durch raschere bald durch langsamere Anpassung
sich um- und ausbilden.

Anmerkung, betreffend die Molekülvereinigungen.

Da der molekulare Bau der organisirten Substanzen für die Theorie
der Gärung im Allgemeinen und für die Erklärung einzelner Erscheinungen, wie beispielsweise der durch die Gärthätigkeit ermöglichten
Ausscheidung von Eiweiss aus den Hefenzellen, so wichtig ist, so will
ich nachträglich noch einige Betrachtungen beifügen, welche das im
Texte über die molekularen und micellaren Lösungen Gesagte ergänzen
und die Micellbildung in das richtige Licht zu der Gesammtheit der
molekularen Verhältnisse stellen sollen. Ich knüpfe dabei an die An-
schauung an, von welcher Pfeffer in seiner vortrefflichen Schrift
„Osmotische Untersuchungen" (1877) ausgegangen ist.

Was zuerst die Terminologie betrifft, so gebraucht Pfeffer den
allgemeinen Ausdruck „Tagma" für Molekülverbindung, mit der Bemerkung, dass man schwerlich in der Chemie das an Zelle erinnernde
Wort (Micell) werde einführen wollen. Es scheint demnach der ety-
mologische Irrthum zu bestehen, dass eine barbarische Zusammensetzung von einem unbekannten, mit „mi" anfangenden Wort und
„cellula" vorliege, ähnlich etwa wie Aldehyd gebildet ist. — Ursprünglich hatte ich im Jahre 1858 in Uebereinstimmung mit dem damaligen
Sprachgebrauch die jetzigen Moleküle „Atome" und die jetzigen
Molekülgruppen „Moleküle" genannt, indem es sich für mich nur
darum handelte, für die kleinsten, von den Physiologen als Moleküle
oder Molekeln bezeichneten Substanztheilchen eine bestimmte Vorstellung
zu gewinnen. Nachdem dann die Chemie die beiden Wörter in der
bekannten Unterscheidung in Anspruch nahm, so musste für Molekül-
gruppe ein neues Wort gesucht werden. Nach langem Ueberlegen
(wobei Namen, die auf Krystallähnlichkeit oder Zusammenordnung
Bezug hatten, verworfen wurden) entschied ich mich für die ganz
ungelehrte Benennung Micell (Diminutiv von mica, Krume), weil sie
nichts präjudicirt und sich für alle Zusammensetzungen eignet. Sie
ist denn auch, nachdem ich mich schon durch längeren Gebrauch von
der Zweckmässigkeit überzeugt hatte, in die 2. Auflage des „Mikro-

skops" aufgenommen worden, — und ich denke, dass „Krümchen" (micellum) eben so gut eine Gruppe von kleinsten Theilchen bezeichnet, als „Kolösschen" (molecula) die kleinsten Theilchen selbst.

Was ferner den Begriff betrifft, so kann es für gewisse Betrachtungen vollkommen zweckmässig sein, von einer ganz allgemeinen und unbestimmten Vorstellung auszugehen, wie Pfeffer von der allgemeinen Molekülverbindung (tagma) ausgegangen ist. Gewiss hat aber auch das andere Verfahren Berechtigung, einen Begriff genau zu bestimmen und zu untersuchen, wie weit sein wirkliches Vorkommen sich erstrecke. Dieses Verfahren führt mich auf drei ihrem Wesen nach verschiedene tagmatische Begriffe, welche nicht unter einen Oberbegriff zusammengefasst werden können, weil je der vorhergehende sich zu dem folgenden verhält wie der Theil zum Ganzen; es sind das Pleon, das Micell und der Micellverband.

In den Krystallen, welche Krystallwasser enthalten, zeigen die Moleküle H_2O ein bestimmtes numerisches Verhältniss zu den Substanzmolekülen oder Salzmolekülen, wie ich sie allgemein nennen will. So kommen z. B. auf 1 Mol. schwefelsaure Magnesia in den einen Krystallen 7, in den anderen 12 Moleküle Wasser, auf 1 Mol. essigsaures Natron 3 Mol. Wasser, auf 1 Mol. Citronensäure und auf 1 Mol. Traubenzucker 1 Mol. Wasser. Während das eigentliche Hydratwasser, durch Werthigkeiten gebunden, einen Theil des Salzmoleküls selbst ausmacht, befindet sich das Krystallwasser als getrennte Moleküle neben demselben. Die Krystallwasser-führenden Substanzen bestehen also aus Molekülgruppen, von denen jede 1, seltener 2 Moleküle Substanz (Salz) und 1 bis 24 Mol. Wasser enthält. Wie das Wasser die Molekülgruppen bilden hilft, können auch verschiedene Salzmoleküle zu solchen Einheiten zusammentreten, wie dies bei den Alaunarten so deutlich ist.

Diese Molekülgruppen habe ich in Ermangelung eines besseren Wortes bisher in meinen Notizen „Pleone" genannt (τὸ πλέον, Mehrzahl), und für den so häufigen Fall, dass Wasser einen Bestandtheil derselben ausmacht, „Hydropléone". Vielleicht auch würde man zweckmässig „chemische Verbindung", wenn der Zusammenhalt durch die Werthigkeiten erfolgt, und „chemische Vereinigung", wenn die Moleküle in bestimmter Zahl zu Pleonen zusammentreten, unterscheiden.

Die genannten Molekülgruppen gehören nicht bloss dem festen Zustande an, sie bestehen auch in der Lösung fort. Besonders über-

zeugend lässt sich dies für das Hydropleon nachweisen, welches
zwischen den beweglichen Wassermolekülen eine relativ feste Vereinigung darstellt. Den Massstab für seine Festigkeit giebt uns die Differenz in der Wärmetönung, wenn das wasserfreie und das wasserhaltige
Salz sich lösen. Die grössere Wärmemenge, welche sich beim Lösen
des wasserfreien Salzes entwickelt, entspricht dem Verluste an lebendiger Kraft (Bewegung), welche die in Hydropleonbildung eingehenden
Wassermoleküle erleiden.

Gänzlich verschieden vom Pleon ist das Micell, indem letzteres
nichts anderes als einen winzigen, weit jenseits der mikroskopischen
Sichtbarkeit liegenden Krystall darstellt. Das Pleon ist ein individueller
Körper, gleich dem Molekül, welcher weder wachsen noch getheilt
werden kann, ohne seine Natur zu ändern, während das Micell wie der
Krystall, wenn es sich vergrössert oder in Stücke zerschlagen wird,
seine innere Beschaffenheit behält. Das Micell unterscheidet sich von
dem Pleon durch die beträchtlichere Grösse; denn der geringe Wassergehalt in manchen organisirten Substanzen (in den dichtesten Schichten
der Stärkekörner und Cellulosemembranen) verlangt, wie aus der Vergleichung mit weichen (wasserreichen) Schichten hervorgeht, unabweis-
bar die Annahme, dass viele Micelle nicht bloss aus Hunderten, sondern
aus vielen Tausenden von Molekülen krystallinisch (ohne zwischenliegendes Wasser) aufgebaut seien [1]). Möglicherweise giebt es organisirte Substanzen, deren Moleküle mit Krystallwasser fest werden;
dann sind ihre Micelle aus zahlreichen Hydropleonen zusammengesetzt.
Für die Stärke ist dies nicht wahrscheinlich; wäre es der Fall, so
müssten die Micelle der wasserarmen Schichten aus einer noch weit
grösseren Zahl von Hydropleonen bestehen, als die Rechnung für die
wasserfreien Moleküle ergiebt (weit über 10 000).

Der innere Bau der Micelle ist krystallinisch, während die äussere
Gestalt alle möglichen Formen zeigen kann. Ich habe diese Vorstellung
seit 1858 unverändert festgehalten und bin offenbar missverstanden
worden, wenn Pfeffer (Osmot. Unters. S. 150) sagt, ich hätte späterhin
in die Definition organisirter Substanz „krystallinische oder wenigstens
polyedrische" Micelle aufgenommen und käme damit in Widerspruch
mit meinen eigenen früheren Annahmen von kugeligen Anfängen. An
der einen von Pfeffer citirten Stelle sind aber die Micelle bloss als

---

[1]) Nägeli, Stärkekörner S. 331 ff.

„krystallinisch" bezeichnet und damit ihr innerer Bau gemeint; an
der anderen citirten Stelle heisst es, dass „die Gestalt derselben im
Allgemeinen eine polyedrische sein müsse", was nicht ausschliesst,
dass die Anfänge kugelig sind. Die ursprüngliche Kugelgestalt der
Micellanfänge habe ich übrigens immer nur als w a h r s c h e i n l i c h
ausgesprochen und dabei namentlich auch an den Mangel der Krystal-
lisationsfähigkeit bei Stärke und Cellulose erinnert, indem ich damals
die Amylodextrin-Krystalloide und die doppelbrechenden Eigenschaften
der Micelle noch nicht kannte. Diese neuen Errungenschaften ändern
indess nichts an der Vorstellung, wie der Aufbau eines organisirten
Körpers (eines Stärkekorns, einer Zellmembran u. s. w.) zu Stande
kommt, sie modificiren nur wenig die Begründung.

Wenn die organisirten Substanzen molekular-löslich wären, so
hätten die Micelle, die aus solchen Lösungen sich ausscheiden, als
Krystallisationsanfänge ohne Zweifel auch die äussere Gestalt von
Krystallen, indem die sich anlagernden Moleküle vermöge ihrer Beweglichkeit im Wasser den Stellen der stärkeren Attraktion zuströmen
würden. Da die organisirten Körper aber molekular-unlöslich sind, so
wird die Vergrösserung eines Krystallanfanges wesentlich bedingt durch
die Ursachen, welche die molekular-lösliche Verbindung in die unlösliche (Zucker in Stärke und Cellulose, Peptone in Albuminate u. s. w.)
überführen. Der krystallinische Anfang eines Stärkemicells lagert ein
neues Stärkemolekül nicht da an, wo es die Krystalisationskräfte verlangen würden, sondern da, wo das in Wasser unbewegliche Molekül
entsteht. Desswegen können die Moleküle eines Micells doch genau
die Anordnung haben wie in einem richtigen Krystall, nämlich in
parallelen Ebenen, die nach drei Dimensionen sich kreuzen mit entsprechend gleichmässiger Orientirung, — und dass diese Anordnung
entweder in aller Strenge oder doch in weit überwiegendem Masse
vorhanden ist, beweist uns die Doppelbrechung des Micells. Die
äussere Gestalt der Micelle aber kann jede beliebige Abstufung von
der regelmässigen Krystallform bis zur Kugel und zum ganz unregelmässigen Körper zeigen. Die ersten Anfänge sind aus verschiedenen
Gründen wenigstens in einzelnen Fällen sehr wahrscheinlich kugelig;
der wichtigste Beweis jedoch für diese Annahme lässt sich noch nicht
beibringen, da er eine genauere Kenntniss der molekularen Kräfte,
welche die chemische Umwandlung bedingen, und namentlich auch der
räumlichen Anordnung dieser Kräfte voraussetzt.

Ich habe früher (Stärkekörner 1858) angenommen, dass das Micell ausschliesslich wie ein einfacher Krystall wachse, bin aber längst überzeugt, dass noch ein anderer Faktor bei der Vergrösserung der Micelle mitwirkt. Die mechanischen und die räumlichen Bedingungen des Wachsthums von Stärkekörnern und Cellulosemembranen, sowie der Erscheinungen beim Aufquellen dieser Gebilde verlangen die Theorie, dass nicht bloss die einzelnen Micelle wie Krystalle durch Auflagerung wachsen, sondern dass auch mehrere oder viele sich mit einander vereinigen und durch Verwachsung zusammengesetzte Micelle bilden, in analoger Weise wie mehrere einfache Krystalle zu einer Druse verwachsen. Die Vereinigung geschieht dadurch, dass der sonst mit Wasser erfüllte Zwischenraum zwischen zwei Micellen sich mit Substanz ausfüllt. Dabei passen selbstverständlich die Moleküle (oder Pleone) der beiden verwachsenden Micelle nicht genau auf einander. An der Verwachsungsstelle ist daher die regelmässige krystallartige Anordnung der Moleküle mehr oder weniger gestört, und hier vermögen die Quellungs- und Lösungsmittel, deren Angriffen die streng regelmässige Struktur mit ihrer stärkeren Kohäsion noch widersteht, mit Erfolg einzugreifen und den Zusammenhang zu lösen. — Das Verwachsen kann sich wiederholen, so dass also nun zusammengesetzte Micelle sich mit einander vereinigen, und dass zuletzt ein vielfach zusammengesetztes Micell entsteht. Je grösser und zusammengesetzter zwei verwachsende Micelle sind, um so weniger passen ihre Moleküle auf einander, um so weniger fest ist unter übrigens gleichen Umständen der Zusammenhang. Es erfolgen daher die Trennungen ebenfalls stufenweise; so beobachtet man an der Stärkesubstanz ein wiederholtes Zerfallen der zusammengesetzten Micelle, wobei jede folgende Stufe einer stärkeren Aktion der angewendeten Mittel entspricht.

Grosse Micelle von höherer Zusammensetzung zerfallen aber nur dann leichter als kleinere und einfachere, wenn ihre Verwachsungen gleich alt sind, was für die Hauptmasse eines Stärkekorns zutrifft. Sind die einen Verwachsungen älter, so erweisen sie sich auch fester und widerstandsfähiger, wahrscheinlich weil beim Wachsthum des ganzen zusammengesetzten Micells die Vereinigungsstellen durch gemeinsame Substanz von mehr ununterbrochener und regelmässiger Anordnung überlagert und geschützt werden. So sind in der ältesten Partie eines Stärkekorns (in der Rindenschicht, welche das geringste Wachsthum zeigt, da sie mit dem Quadrat des Radius zunimmt, indess die übrige Substanz mit der dritten Potenz des Radius sich vermehrt) die Micelle nicht bloss am grössten, sondern auch am widerstandsfähigsten gegen Quellungsmittel.

Die Verwachsung der Micelle kann nach allen Seiten erfolgen und mehr oder weniger isodiametrische Körperchen bilden, wie dies ohne Zweifel in der inneren Partie des Stärkekorns der Fall ist. Oder sie kann einseitig sein und durch Verschmelzung einer Micellreihe linienförmige oder fibrillenförmige Körperchen bilden, wie dies für die Holz- und Bastzellen ihrer mechanischen Eigenschaften wegen angenommen werden muss, besonders für die besseren Bastsorten, deren Zugfestigkeit dem Schmiedeeisen und selbst dem Stahl gleichkommt. Diese fibrillenartigen zusammengesetzten Micelle sind übrigens nicht zu verwechseln mit den Primitivfasern, aus denen man sich früher die Pflanzenzellmembranen zusammengesetzt dachte, und welche nichts anderes als die mikroskopisch sichtbaren dichteren streifenförmigen Stellen der Membranschichten sind.

Wahrscheinlich kommt Micellbildung nicht bloss bei den organisirten Körpern und in den aus denselben erhaltenen Micellarlösungen vor. Der gallertartige Zustand, in welchem die Kieselsäure und andere unorganische Verbindungen auftreten, die Unfähigkeit dieser Verbindungen, zu diosmiren, und die anderen äusserst mannigfaltigen Erscheinungen, welche sich an den gallertartigen Zustand knüpfen und so grosse Aehnlichkeit mit dem Verhalten der Albuminate zeigen, deuten mit grosser Wahrscheinlichkeit darauf hin, dass auch hier die Bildung von Micellen und Micellverbänden Platz greift. Auch bei sehr koncentrirten Lösungen muss wahrscheinlich, wie ich später für den Zucker zeigen werde, das Vorhandensein von Micellen angenommen werden; vielleicht spielen dieselben auch eine Rolle in den übersättigten Lösungen, insofern nicht alle dieselben betreffenden Thatsachen aus verschiedenen „Hydraten" (d. h. Hydropleonzuständen) sich erklären lassen sollten. Endlich treffen wir in den Niederschlagsmembranen, mit denen man künstliche Zellen dargestellt hat, einen micellaren Bau.

Die Micelle vereinigen sich aus einer Micellarlösung auf zwei verschiedene Arten zu Verbänden, entweder in regelmässiger Art, wobei sie nach den nämlichen Regeln zu einem Krystalloid zusammentreten, wie die Moleküle oder Pleone zu einem Krystall (die drei Normen, nach denen dies geschieht, habe ich im Text angegeben), —

oder in unregelmässiger Weise, indem sie sich beliebig, bald mehr
baumartig, bald mehr netzartig, an einander hängen. Diese unregelmässigen Verbände sind entweder getrennt in der opalisirenden Flüssigkeit, oder sie hängen alle zusammen und bilden eine stehende
Gallerte. — Gemeinsam ist allen Micellverbänden, dass die einzelnen
Micelle an der ganzen Oberfläche mit Wasser umgeben sind, und dass
der Zusammenhang nur durch grössere Annäherung der Micelle, somit
durch Verminderung der trennenden Wasserschicht an bestimmten
Stellen zu Stande kommt.

Dass die Micelle aus einer Lösung bald zu regelmässigen, bald
zu unregelmässigen Verbänden sich zusammenordnen, erklärt sich
leicht aus ihrer verschiedenen Gestalt und Grösse. Nur wenn die
Micelle annähernd gleich gross und gleich gestaltet sind, können sie
sich, ähnlich wie Moleküle oder Pleone, zu regelmässigen krystallähnlichen Körpern vereinigen. Da jedoch die Micelle nie die vollkommene Gleichheit der Moleküle und Pleone erreichen, so bleiben
auch die Krystalloide immer etwas hinter der strengen geometrischen
Regelmässigkeit der Krystalle zurück (Sitzungsber. der kgl. bayer. Akad.
d. Wiss. vom 11. Juli 1862). In den künstlich erhaltenen Micellarlösungen scheinen die Micelle, wie dies übrigens begreiflich ist, meistens
von ungleicher Grösse und Gestalt zu sein und daraus zum Theil die
Schwierigkeit erklärt zu werden, mit der sich Krystalloide aus denselben
gewinnen lassen.

Die organisirten Körper bestehen ebenfalls bald aus regelmässigen,
bald aus unregelmässigen Micellverbänden. Hier sind aber bezüglich
des Zustandekommens andere Gesichtspunkte massgebend, da die Verbände nicht durch Zusammentreten ursprünglich getrennter Micelle aus
einer Lösung, sondern durch Zwischenlagerung neuer Micelle zwischen
die schon vorhandenen sich bilden. In dem organisirten Körper besteht
der regelmässige Bau in einer gleichartigen Orientirung der Micelle,
welche sich durch die doppelbrechenden Eigenschaften kundgiebt, und
welche jedenfalls auch eine gewisse regelmässige schichtenweise Anordnung voraussetzt, aber eine grosse Mannigfaltigkeit in Form und Grösse
der Micelle gestattet. Daher ist es denn eine gewöhnliche Erscheinung,
dass die Micelle einer ganz regelmässig gebauten organisirten Substanz
(Stärkekorn, Zellmembran), nachdem sie sich getrennt haben und in Micellarlösung gegangen sind, nicht mehr oder nur in sehr beschränktem
Masse zu regelmässigen Formen (Krystalloiden) sich vereinigen.

Wir haben also, wie aus dem Vorstehenden sich ergiebt, wenn wir alle molekularen Verhältnisse bis dahin, wo sie dem bewaffneten Auge sichtbar werden, berücksichtigen, fünf Stufen zu unterscheiden: Atome der chemischen Elemente, Moleküle, Pleone, Micelle und Micellverbände. Nur die letzteren können, wenn sie eine besondere Grösse erreichen (wie dies z. B. in den Krystalloiden der Fall ist), unter dem Mikroskop wahrgenommen werden. Die Stufen sind im Allgemeinen scharf geschieden, indem sich jede zur folgenden verhält wie der Theil zum Ganzen. Das schliesst aber nicht aus, dass die eine für die nächstfolgende eintreten und ihre Rolle übernehmen kann, wie z. B. in den Quecksilberdämpfen die Atome als Moleküle auftreten, wie ferner so häufig die Moleküle unmittelbar zu Micellen oder Krystallen zusammentreten, insofern sie nicht etwa auch bei Mangel an Krystallwasser zunächst Pleone (von bestimmter Molekülzahl) bilden.

Die Aufgabe der Wissenschaft scheint mir nun die zu sein, bei jeder dem unsichtbaren Gebiete angehörenden Erscheinung zu bestimmen, welcher der oben genannten Stufen dieselbe angehöre. Diese Aufgabe besteht für den physikalischen Theil der Chemie, besonders aber für die Molekularphysiologie, welche bei jedem Schritt das Bedürfniss empfindet, sich über jene Erscheinungen klar zu werden. Pfeffer hat die drei letzten Stufen (Pleon, Micell und Micellverband) als Tagma zusammengefasst, und es ist dies jedenfalls ein Fortschritt gegenüber dem gewöhnlichen Verfahren, alles dem unsichtbaren Gebiete Angehörige als „molekulare Verhältnisse" zu bezeichnen. Indessen kann der letztere ganz allgemeine Begriff nicht entbehrt werden, und wenn man, was ebenfalls zweckmässig ist, in dem ganzen unsichtbaren Gebiete zwei Gruppen unterscheiden will, so würde ich für natürlicher halten, die Scheidung an einer anderen Stelle zu vollziehen und die drei ersten Stufen den zwei letzten gegenüber zu setzen. Man würde dann die molekularen Verhältnisse im engeren Sinne und die micellaren Verhältnisse unterscheiden. Zu den ersteren würde Alles gehören, was die Atome, Moleküle und Pleone betrifft, also Alles, was dem eigentlich chemischen Gebiete angehört und sich nach bestimmten Verhältnisszahlen (Aequivalenten) verbindet oder vereinigt. Die letzteren dagegen würden Alles begreifen, was die Micelle und die Micellverbände betrifft, was dem eigentlich physikalischen Gebiete angehört, mit der Fähigkeit zu unbestimmter und unbegrenzter Vereinigung. — Aber diese allgemeinen Begriffe dürfen nur als Nothbehelf dienen, und das

Augenmerk muss immer darauf gerichtet sein, zu den einzelnen Stufen als den natürlichen und konkreten Begriffen vorzudringen.

Wie wichtig die Unterscheidung der verschiedenen Stufen ist, zeigt sich besonders auch bei den diosmotischen Erscheinungen, welche in Folge der Schrift Pfeffer's vorzüglich auch zu dieser Anmerkung Veranlassung gegeben haben. Der Durchgang eines gelösten Stoffes durch eine Membran wird ermöglicht durch das Wasser, das in derselben enthalten ist. Je mehr dieses Wasser durch die Substanz beeinflusst ist, um so mehr wird die Diosmose eine besondere, von der Diffusion in Wasser (ohne trennende Membran) verschiedene Erscheinung. Der Charakter der Diosmose (Verhältniss von Salz- und Wasserströmung, diosmotischer Druck u. s. w.) ist also um so ausgesprochener, je enger die mit Wasser gefüllten Poren der Membran sind. Auf diesen Punkt legt auch Pfeffer mit Recht grosses Gewicht; er unterscheidet Wasser, das unter dem Einfluss der molekularen Anziehung der Substanz steht, und solches, welches ausserhalb derselben sich befindet; ersteres bedingt die „molekulare", letzteres die „kapillare" Diosmose. Wenn er aber den Nachweis von Wasser in einer tagmatischen Anordnung im Allgemeinen als ausreichend betrachtet, um eine diatagmatische Diosmose anzunehmen, so halte ich es für zweckmässig, auch in dieser Beziehung einen Schritt weiter zu gehen, indem nur die letzte Stufe, der Micellverband, den Durchgang von flüssigen und gelösten Stoffen erlaubt, das Micell selbst aber als unwegsam betrachtet werden muss.

Ausser dem kapillaren Wasser, welches die gewöhnliche Diffusion zeigt, haben wir nämlich in einer feuchten Membran noch zweierlei Wasser zu unterscheiden: dasjenige, welches die Oberfläche der Micelle zunächst umgiebt und welches wir wohl am besten als Adhäsionswasser bezeichnen, — und dasjenige, welches allenfalls mit in die Zusammensetzung der Micelle eintritt und welches ich am liebsten Konstitutionswasser nennen möchte, wenn nicht dieser Ausdruck schon in mehrfachem Sinne verwendet worden wäre. Diese drei Arten von Wasser weichen in dem Grade der Beweglichkeit ihrer Moleküle von einander ab. Das kapillare Wasser hat die vollen Molekularbewegungen des freien Wassers; in dem Adhäsionswasser sind die fortschreitenden Bewegungen der Moleküle mehr oder weniger vermindert, und in dem Konstitutionswasser (Krystallwasser, Pleonwasser) befinden sich die Moleküle in einem starren, unbeweglichen Zustande. Anderes Wasser giebt es überhaupt nicht; denn die Elemente des eigentlichen Hydratwassers, das durch Werthigkeiten gebunden ist, befinden sich ja nicht als H^2O, sondern als HO in den Molekülen.

Ueber die Bewegungszustände der Wassermoleküle, welche das Konstitutionswasser (Krystallwasser) des festen Zustandes bilden, geben uns die Lösungswärmen Aufschluss. Wenn das Wasser zu Eis wird, so verlieren die Moleküle ihre fortschreitende Bewegung; diesem Verluste entspricht die Menge der freiwerdenden Wärme. Wenn ein Salz aus einer Lösung das eine Mal ohne, das andere Mal mit Krystallwasser ausfällt, so zeigt uns die Differenz der Wärmeentwicklung an, wie viel die Wassermoleküle beim Krystallisiren an Bewegung einbüssen. Statt der bei der Krystallisation freiwerdenden Wärmemengen können wir auch die beim Lösen des wasserfreien und wasserhaltigen Salzes absorbirten Wärmemengen messen, da in beiden Fällen natürlich die gleichen Werthe erhalten werden.

Um ein Beispiel anzuführen, so krystallisirt das schwefelsaure Natron als Glaubersalz mit 10 Aeq. Wasser; es kann aber auch wasserfrei erhalten werden. Beim Lösen des wasserfreien Salzes werden für jedes Molekül Salz 760 Cal. frei, beim Lösen des wasserhaltigen Salzes dagegen 18100 Cal. absorbirt. Die Differenz von $+ 760$ und $- 18100$ beträgt $+ 18860$ Cal., welche Wärmemenge der Einbusse an lebendiger Kraft von 10 Mol. H^2O entspricht, wenn sich dieselben mit 1 Mol. Na^2SO^4 zu einem Hydropleon vereinigen. Dies gilt für eine bestimmte Temperatur und eine bestimmte Menge des lösenden Wassers, und macht auf 1 Mol. H^2O, welches in das Hydropleon eintritt, durchschnittlich 1886 Cal. aus. — Wahrscheinlich vereinigt sich das Molekül des wasserfreien Salzes bei der Lösung mit 10 Mol. H^2O zu einem Hydropleon. Dieser Umstand ist übrigens für das Ergebniss gleichgiltig. Mögen die Salzmoleküle in der Lösung nicht mit Wasser oder mit irgend einer beliebigen Anzahl von Wassermolekülen vereinigt sein, so muss, wenn das eine Mal die feste Verbindung Na^2SO^4, das andere Mal die feste Verbindung $Na^2SO^4 + 10 H^2O$ sich in Wasser löst, im ersten Fall immer eine grössere Zahl von H^2O-Molekülen in den festen, oder eine kleinere Zahl von H^2O-Molekülen in den bewegten Zustand übergehen als im zweiten Fall, und die Differenz muss immer 10 Moleküle betragen.

Wenn Wasser zu Eis oder Eis zu Wasser wird, so beträgt die Abgabe oder die Aufnahme von Wärme für jedes Molekül bei $0°$ 1442 Cal., bei $18°$ C. ungefähr 1600 Cal. Da nun beim Krystallisiren von

Glaubersalz bei 18° C. für jedes der 10 Moleküle Krystallwasser durchschnittlich 1886 Cal. frei werden, so verliert das Wasser dabei mehr von seiner lebendigen Kraft, als wenn es zu Eis wird; in dem Glaubersalzkrystall sind die Wassermoleküle unbeweglicher als im Eis. — Das nämliche gilt für die übrigen Krystallwasser führenden Verbindungen, deren Wärmetönungen bekannt sind. Wenn man die Wärmemenge berechnet, welche für ein in den Krystall eintretendes Wassermolekül frei wird, so ist sie in der Regel grösser, als wenn ein Wassermolekül zu Eis wird; sie kann selbst mehr als den doppelten Werth erreichen (so beim oxalsauren Ammoniak, oxalsauren Natron, weinsauren Kali).

Wenn das Hydropleon mehrere Wassermoleküle enthält, so befinden sich die einen in einem Zustande grösserer Starrheit als die anderen. Die molekulare Lösungswärme des wasserfreien essigsauren Zinkoxyds ($Zn\,C^4H^6O^4$) beträgt $+$ 9820 Cal., diejenige des Salzes mit 1 Mol. Krystallwasser $+$ 6360 und diejenige des Salzes mit 2 Mol. Krystallwasser $+$ 4240 Cal. Das erste Molekül Krystallwasser hat somit eine molekulare Lösungswärme von $-$ 3460 Cal., das zweite eine solche von $-$ 2120 Cal., beide Moleküle zusammen eine durchschnittliche Lösungswärme von $-$ 2790 Cal. — Die molekulare Lösungswärme des phosphorsauren Natrons (Na^2HPO^4) beträgt im wasserfreien Zustande $+$ 5481 Cal., mit 7 H^2O dagegen $-$ 11328 Cal. und mit 12 H^2O $-$ 22496 Cal. Die ersten 7 Moleküle Krystallwasser haben demnach eine durchschnittliche Lösungswärme von $-$ 2401 Cal. für jedes Molekül, die 5 letzten eine solche von $-$ 2234 Cal. und alle 12 zusammen eine solche von $-$ 2331 Cal. Daraus ergiebt sich der allgemeine Schluss, dass das erste Molekül Wasser, welches in ein Pleon eintritt und welches dasselbe auch zuletzt verlässt, am meisten gebundene Wärme oder Bewegung verliert und dass jedes folgende eine geringere Einbusse erfährt.

Diese Thatsachen sind wichtig für die Beurtheilung des Bewegungszustandes, in welchem sich das allenfalls in den Micellen enthaltene Wasser befindet, und für die Entscheidung der Frage, ob Diosmose durch die Micelle hindurch möglich sei. Es wird Niemand daran zweifeln, dass eine Platte von Eis und ein Krystall mit Krystallwasser für gelöste Stoffe unwegsam sind, denn in beiden sind die Wassermoleküle nicht verschiebbar, indem sie bloss um ihre Gleichgewichtslage schwingen. Wenn aber Wassermoleküle mit in die Konstitution der Micelle eingehen, so müssen sie sich darin in dem nämlichen starren

Zustande befinden wie im Eis oder in jedem anderen Krystall, und die Unbeweglichkeit muss um so grösser sein, in je geringerer Menge das Wasser im Verhältniss zur Substanz vorhanden ist. Betreffend diese Menge haben wir für die Stärke und die Cellulose bestimmte thatsächliche Anhaltspunkte. Der geringe Wassergehalt der dichten Schichten in den Stärkekörnern und in den Zellmembranen erlaubt bloss die Annahme, dass die Micelle aus wasserfreier Substanz bestehen, oder dass auf je 12 C höchstens 1 Mol. Krystallwasser komme. Wir haben für das Eine und Andere die Analogie der ohne Wasser oder mit Wasser krystallisirenden Zuckerarten. Ich halte es für viel wahrscheinlicher, dass die Stärke- und Cellulosemicelle kein Wasser enthalten.

Die Nothwendigkeit der Annahme, dass die allenfalls in den Micellen eingeschlossenen Wassermoleküle starr seien, lässt sich übrigens auch aus einer anderen Erwägung schon zum Voraus darthun. Wenn eine Substanz (Salz) mit Krystallwasser fest wird, so ist dies ein Beweis dafür, dass unter den bezüglichen Umständen das Salzmolekül die ihm zutreffenden Wassermoleküle stärker anzieht als die Salzmoleküle selbst. Das wasserfreie Salz entspricht also im genannten Falle einer geringeren Summe von Anziehung, und da diese eine feste Vereinigung bedingt, so muss die grössere Summe von Anziehung nothwendig ebenfalls eine feste Vereinigung hervorbringen. Und die nämliche Bewandtniss hat es mit den Wassermolekülen, welche in die krystallinische Struktur der Micelle aufgenommen werden.

Aus diesen Gründen muss ich, gegenüber der Theorie Pfeffer's einer diatagmatischen Diosmose, an meiner ursprünglichen Behauptung, dass die Micelle, insbesondere diejenigen der Kohlenhydrate, für flüssige und lösliche Stoffe unwegsam seien, festhalten[1]). Die Diosmose durch eine Membran kann also nur durch das kapillare und das Adhäsions-

---

[1]) Wenn Pfeffer anführt, dass ich früher die Möglichkeit erwähnt habe, dass Wasser in den Micellen enthalten sei, und wenn er aus dem Vorhandensein von Konstitutionswasser den Schluss zieht, dass dasselbe beim Trocknen ganz oder theilweise verloren gehe, so muss ich dagegen erwidern, dass ich schon ursprünglich (1858) das möglicherweise eingeschlossene Wasser als Krystallwasser und mit Rücksicht darauf die Micelle als undurchdringlich bezeichnet habe. Solches Wasser würde auch nicht beim Trocknen verdunsten, sondern wohl erst bei höherer Temperatur fortgehen. Alles, was Pfeffer von dem Konstitutionswasser sagt, gilt nach meiner Ansicht bloss für das zwischen den Micellen befindliche Adhäsionswasser.

wasser vermittelt werden. Ueber den Bewegungszustand des letzteren geben uns verschiedene Betrachtungen einigen Aufschluss.

Viele Körper ziehen das Wasser energisch an und benetzen sich damit; sind sie porös, so werden sie davon durchdrungen. Die organisirten Substanzen nehmen nach dem Eintrocknen Wasser auf, indem die Neigung der Micelle, sich mit einer Wasserhülle zu umgeben, grösser ist als die im Uebrigen sehr bedeutende Anziehung, die sie auf einander selber ausüben. Dieser Verwandtschaft der Micelle zum Wasser muss der Grad der Unbeweglichkeit entsprechen, in den dabei die Moleküle des letzteren gerathen.

Die Imbibition setzt sich aus verschiedenen mechanischen Vorgängen zusammen. Einmal werden die Micelle von einander entfernt, und damit eine Arbeit geleistet, wie wenn ein Gewicht gehoben, resp. von dem Erdmittelpunkte entfernt wird. Dann nehmen die Micelle in Folge der Stösse, die ihnen die Wassermoleküle versetzen, lebhaftere (schwingende) Bewegungen an. Beide Arbeitsleistungen bedingen eine Abnahme der Bewegung der Wassertheilchen oder ihres Wärmevorrathes. Endlich wird eine gewisse Zahl von Wassermolekülen durch die Micelle in besonderem Grade angezogen; dieselben gehen in einen mehr oder weniger starren Zustand über, wobei Wärme frei werden muss. Alle drei Vorgänge haben eine Verminderung der Bewegung der in die organisirte Substanz eingedrungenen Wassermoleküle zur Folge. — Bei der Imbibition vereinigen sich also drei Momente, von denen die beiden ersten Wärme binden, der letzte Wärme frei macht. Es war vorauszusehen, dass der letztere bedeutend überwiege und dass daher mit der Benetzung ein Steigen der Temperatur eintrete.

Um darüber experimentelle Gewissheit zu erhalten, wurde Weizenstärkemehl durch Trocknen bei 60 bis 80° C. ziemlich wasserfrei gemacht und, nachdem es auf 19° C. abgekühlt war, 100 g davon in 100 ccm destillirtem Wasser von gleicher Temperatur eingerührt. Die Temperatur stieg sogleich auf 27° C., also um 8°. — Da das Stärkemehl wahrscheinlich noch etwas Wasser enthalten hatte, so wurde noch einmal eine Partie zwischen 80 und 90° C. getrocknet und der Gewichtsverlust bestimmt; derselbe betrug 13,1 %. 40 g von diesem getrockneten Weizenstärkemehl, mit 40 ccm Wasser, beide von der Temperatur 22° C., zusammengerührt, erwärmten sich auf 33,6° C., also um 11,6°. Diesmal enthielt das Stärkemehl nur noch geringe Spuren von Wasser; denn eine andere kleinere Partie, die so lange bei 90° C. getrocknet

wurde, bis kein Gewichtsverlust mehr erfolgte, zeigte eine Abnahme
von 13,3 %. — 40 g lufttrockenes Stärkemehl, mit 29,5 ccm Wasser [1])
zusammengerührt, liess das Thermometer von 20,6° C. auf 23,3° steigen,
also um 2,7°. Es bedingen somit die 13,1 % Wasser, welche sich in
der lufttrockenen Stärke befinden, beim Eintritt in die Substanz eine
Temperaturerhöhung um 8,9° C.

Die Wärmemenge, welche bei der Imbibition des trockenen Stärkemehls frei wird, rührt davon her, dass ein Theil des eintretenden
Wassers in einen weniger bewegten Zustand übergeht. Jene Menge
stellt aber nicht die ganze Summe der durch diesen Vorgang ausgelösten Wärme dar, weil ein Theil der letzteren dazu verwendet wird,
um den Verlust zu decken, welcher aus dem Auseinandertreten der
Micelle und ihrer lebhafteren Bewegung sich ergiebt. Die Wärmetönung
bei der Imbibition zeigt uns also nur die Differenz zweier entgegen-
gesetzter Wirkungen an, wie dies auch bei der Auflösung eines wasserfreien Salzes der Fall ist, wo die Hydropleonbildung als wärmeerzeugender,
die Trennung und der Uebergang der starren Salztheilchen in die fortschreitende Bewegung als kälteerzeugende Processe zusammentreffen
und als Gesammtergebniss bald ein Steigen, bald ein Sinken der Temperatur verursachen. Nur sind beim Lösen eines Salzes die kälteerzeugenden Processe viel wirksamer und daher auch die Temperaturerniedrigungen der häufigere Fall.

Wenn wir bestimmte Vorstellungen von der Grösse der Micelle
hätten, so liesse sich berechnen, wie viel Wärme auf das einzelne
Micell und wie viel annähernd auf die Flächeneinheit frei wird, und
es liesse sich ein Vergleich zwischen der Micellbenetzung und der
Hydropleonbildung anstellen. Daran ist aber vorerst nicht zu denken,
und man könnte nur auf einem Umwege durch eine Reihe vergleichender
Versuche an Substanzen von ungleicher micellarer Konstitution zu einem
einige Gewissheit gebenden Resultat gelangen. Einstweilen genügt die
beobachtete bedeutende Temperaturerhöhung zu dem Beweise, dass bei
der Benetzung der Micelle wirklich ein ganz analoger Vorgang stattfinden muss wie bei der Hydropleonbildung. 100 g Weizenstärke nehmen
nahezu 100 g Imbibitionswasser auf; davon waren in dem zu dem Versuche verwendeten lufttrockenen Stärkemehl noch 15,1 g enthalten

---

[1]) 40 g lufttrockenes Stärkemehl enthalten 5,24 Imbibitionswasser, somit
34,76 g Substanz. Bei Zusatz von 29,52 Wasser war die Menge des Wassers
gleich derjenigen der trockenen Substanz, wie in dem vorhergehenden Versuch.

(= 13,1 %). Die Aufnahme dieser 15,1 g Wasser bewirkte eine Temperaturerhöhung um 8,9° C., die Aufnahme der ganzen übrigen Wassermenge (84,9 g) nur eine weitere Erhöhung um 2,7° C.[1]. Es ist daher fast nur der geringe Theil des Imbibitionswassers, welcher in trockener Luft noch festgehalten wird, an der Temperaturerhöhung in hervorragender Weise betheiligt; seine Moleküle müssen sich, wie die Wassermoleküle der Hydropleone, nahezu in einem starren und eisähnlichen Zustande befinden.

Die Erscheinungen, welche die Adhäsion des Wassers an festen Körpern und der Durchgang desselben durch Kapillarröhren darbietet, beweisen, dass sich zunächst an der festen Substanz eine unbewegliche oder wenigstens eine schwer bewegliche Wasserschicht befindet. Aus der absoluten Grösse, welche für die Wirkungssphäre der bemerkbaren Anziehungskraft einer festen Oberfläche auf Wasser von Quincke bestimmt worden, und aus der absoluten Grösse, welche sich aus den Berechnungen von Thomson, Maxwell und anderen Physikern für den Raum eines Wassermoleküls ergiebt, würde folgen, dass das Wasser bis auf die Entfernung von einigen Tausend Molekülen die Anziehung der festen Oberfläche in merklichem Grade erfährt und daher in verminderter Bewegung sich befindet. Anziehung und Bewegungsverlust nehmen natürlich nach dem festen Körper hin zu und steigern sich möglicherweise in den unmittelbar angrenzenden Wassermolekülen (in einer einfachen oder mehrfachen Schicht) zur vollkommenen Starrheit.

Eine bessere Einsicht in die Bewegungszustände der durch Adhäsion gebundenen, der festen Oberfläche zunächst liegenden Wassermoleküle vermag uns das Verhalten der Hydropleone zu geben. Die Salze haben im Allgemeinen eine grosse Verwandtschaft zu Wasser. Beweis hiefür giebt uns das Krystallwasser, welches manche beim Festwerden zurückhalten, und zwar mit so grosser Kraft, dass dasselbe in einem noch unbeweglicheren Zustande sich befindet als im Eis. Der Umstand, dass viele Salze ohne Wasser krystallisiren, beweist dagegen noch nicht ihren Mangel an Verwandtschaft zu Wasser, sondern bloss, dass die Salzmoleküle bei Anwesenheit von wenig Wasser auf die Moleküle des letzteren eine geringere Anziehung ausüben als auf die Salzmoleküle selber. Ihre Anziehung auf das Wasser kann doch noch ziemlich bedeutend sein; nur ist sie nicht bloss relativ, sondern auch absolut ge-

---

[1] Die beiden Zahlen 8,9 und 2,7 sind direkt vergleichbar, da in beiden Fällen gleiche Mengen von Stärke und Wasser die Temperaturerhöhung erfuhren.

ringer als bei den Krystallwasser führenden Salzen, wie sich beispielsweise aus der Vergleichung der Wärmetönungen beim Lösen von Kali-
und Natronsalzen ergiebt. Die analogen Verbindungen des Kaliums
absorbiren eine viel grössere Wärmemenge als die des Natriums; die
ersteren krystallisiren ohne, die letzteren mit Krystallwasser. So beträgt die Wärmeentwicklung für ein sich in Wasser lösendes Molekül
Jodnatrium $+ 1220$ Cal. und für Jodkalium $- 5110$ Cal., ferner für
Bromnatrium $- 150$ Cal. und für Bromkalium $- 5080$ Cal., endlich für
schwefelsaures Natron $+ 760$ Cal. und für schwefelsaures Kali $- 6380$ Cal.
Daraus geht hervor, dass die Natronsalze, wenn sie in Lösung gehen,
das Wasser viel fester binden als die Kalisalze, indem sie pro Molekül eine
um eben so viel grössere Bewegungssumme in den Wassermolekülen zur
Ruhe bringen, als die Differenz in den molekularen Lösungswärmen angiebt.

Die Moleküle der Salze, welche mit Krystallwasser fest werden,
sind auch in den Lösungen wenigstens mit eben so vielen Wassermolekülen zu Hydropleonen vereinigt, als in dem festen Salz, das am
meisten Krystallwasser enthält. Diese Annahme wird durch die Wärmetönungen beim Lösen gefordert. Wenn aber ein Salz ohne Wasser
krystallisirt, so folgt daraus nicht das Ausbleiben von Hydropleonbildung
bei der Lösung, sondern bloss ein durch die Wärmetönung angezeigter
weniger fester Zusammenhang der Hydropleone. Dass der (ohne Wasser
krystallisirende) Rohrzucker in der Lösung wirklich mit Wassermolekülen
vereinigt sein muss, lässt sich, wie ich nachher zeigen werde, aus den
Temperaturveränderungen beim Auflösen nachweisen. Ebenso ist die Möglichkeit nicht ausgeschlossen, dass ein Krystallwasser führendes Salz, wenn
es sich löst, noch mehr Wasser anziehe und in seine Hydropleone aufnehme.

Wenn wir die Salze, welche mit Wasser krystallisiren, mit einander
vergleichen, so sehen wir, dass die Maximalzahlen der Wassermoleküle,
die mit einem Salzmolekül vereinigt sind, mit der Grösse und Zusammensetzung des letzteren steigen. Die Haloidsalze krystallisiren höchstens
mit 4, die schwefelsauren, kohlensauren, phosphorsauren Salze höchstens
mit 10 oder 12, die doppelmoleküligen Alaunsalze dagegen mit 24 Mol.
Wasser. Jedes dieser Wassermoleküle muss, wie es die starke Anziehung und die dadurch bedingte grosse Starrheit nicht anders zulassen,
unmittelbar an das Salzmolekül angrenzen und kann nicht etwa durch
ein zwischenliegendes Wassermolekül mit demselben vereinigt sein.
Damit sind aber nur die Stellen grösster Anziehung besetzt. Das
Molekularvolumen des Salzes erlaubt jeweilen wenigstens der doppelten

Anzahl von Wassermolekülen eine unmittelbare Vereinigung mit dem Salzmolekül. Diese überschüssigen Wassermoleküle, die unter allen Umständen an die virtuelle Oberfläche der Salzmoleküle anstossen müssen, werden ohne Zweifel durch die Anziehung der letzteren sich in verminderter Bewegung befinden, aber bei Weitem hinter der Starrheit der eigentlichen Krystallwassermoleküle zurückbleiben. Es ist somit im höchsten Grade wahrscheinlich, dass die in Lösung befindlichen Salzmoleküle mit einer einfachen Lage von Wassermolekülen zu einem Hydropleon vereinigt seien, die aber vom ersten bis zum letzten ungleich grossen Anziehungen entsprechen und daher auch in einen ungleichen Grad der Starrheit übergegangen sind.

Wie die Salzmoleküle der Lösung müssen sich auch die Micelle verhalten, mögen sie sich im gelösten oder im benetzten festen Zustande befinden; denn jedes oberflächliche Molekül derselben zieht ebenfalls an der freien Aussenseite Wasser an, aber an verschiedenen Stellen mit ungleicher Kraft. Bei grösserer allgemeiner Verwandtschaft werden an jedem Molekül einzelne Stellen sein, die eine vollkommene Starrheit der anstossenden Wassermoleküle bedingen. Die dazwischen liegenden Stellen bewirken zwar eine geringere Bewegungslosigkeit, aber unter dem Schutze jener starren Moleküle können auch hier die Wassermoleküle sich in Ruhe befinden. Es muss also von der Verwandtschaft, die eine Substanz im Allgemeinen zu Wasser hat, abhängen, ob die zunächst an der Oberfläche ihrer Micelle befindliche einschichtige Lage von Wassermolekülen vollkommen unbeweglich oder nur sehr schwer beweglich sei. In den meisten organisirten Substanzen dürfte diese Hülle nahezu unbeweglich sein, wenn wir die starke Anziehung berücksichtigen, welche Stärke, Cellulose, Albuminate auf das Wasser ausüben, und von welcher der Feuchtigkeitsgehalt im lufttrocknen Zustande und die Erwärmung bei der Imbibition Zeugniss geben.

Dieses einschichtige nahezu unbewegliche Häutchen von Wassermolekülen um die Substanzmicelle ist nicht nur bei der Diosmose, sondern bei allen physiologischen Vorgängen zu berücksichtigen. Seine Starrheit wird vermehrt durch die Einlagerungen fremdartiger, unorganischer und organischer Stoffe, welche keiner organisirten Substanz ganz mangeln, und die wir uns wohl in keiner anderen Weise vorstellen können, als dass die Moleküle dieser Stoffe sich an die Micelle anlegen, also an die Stelle von Molekülen jenes Häutchens treten. Durch die Einlagerungen wird, wenn sie in geringer Menge vorhanden sind, das

Wachsthum der Micelle innerhalb des Häutchens nicht gehemmt, wohl aber möglicherweise die Unlöslichkeit bedeutend vermehrt. Sind sie aber reichlicher vorhanden, so können sie gleichsam einen Panzer um die Micelle bilden und dieselben nicht nur wachsthumsunfähig, sondern auch für Quellungs- und Lösungsmittel fast unangreifbar machen. Beispiele hiefür finden wir in gewissen Modifikationen der Cellulose und zum Theil auch der Albuminate.

Unter den Verbindungen, welche uns über die molekularen und micellaren Verhältnisse in der organischen Welt Aufschluss zu geben vermögen, stehen die Kohlenhydrate allen anderen voran. In ihnen ist die Verwandtschaft zu Wasser, die Löslichkeit der einen, die Imbibitionsfähigkeit der anderen, besonders ausgeprägt. Unter den molekularlöslichen Kohlenhydraten[1]) giebt uns der Rohrzucker das Beispiel einer Substanz, die ohne Wasser krystallisirt, in der wässrigen Lösung aber Hydropleone darstellt. Dies geht aus der Vergleichung der Wärmetönungen bei der Lösung von Rohrzucker und von krystallwasserfreiem Salz hervor. Wenn man ein solches Salz dem Wasser nach einander partieenweise zusetzt, indem man nach jeder Lösung die Temperatur wieder auf die ursprüngliche Höhe bringt, so wird beim ersten Lösungsakt am meisten, bei jedem folgenden weniger Wärme absorbirt, und die Abnahme der absorbirten Wärmemenge fällt rasch ab.

Als Beispiel führe ich das salpetersaure Ammoniak an (NH^4NO^3), welches folgende Resultate ergab. Das Salz wurde in Partieen von je 10 g zu 50 ccm destill. Wasser zugesetzt; die Anfangstemperatur betrug immer 18° C. Die Temperaturerniedrigungen (das erste Mal von 18° auf 6,8°) wurden mit dem Thermometer gemessen; sie betrugen für acht auf einander folgende Lösungen 11,2° C.; 8°; 6,6°; 5,8°; 5,1°; 4,6°; 4,2°; 3,8°. Als noch einmal 10 g Salz zugesetzt wurden, blieb etwa ein Drittel ungelöst und die Erniedrigung betrug 2,2° C.[2]).

---

[1]) Dass die Zuckerarten im Gegensatz zu den übrigen Kohlenhydraten mit hinreichenden Wassermengen molekulare und nicht etwa micellare Lösungen bilden, geht mit vollster Sicherheit aus der vollkommenen Uebereinstimmung mit Salzlösungen hervor, indem sie unter allen Umständen mit Leichtigkeit durch Membranen diosmiren und aus gesättigten Lösungen als Krystalle fest werden.

[2]) Die gesammten Temperaturerniedrigungen geben die Summe 51,5° C. Bei einmaligem Zusatz der ganzen Salzmenge erhielt Rüdorff ein Sinken

Wenn die veränderte Wärmekapacität der Lösungen und die zunehmende Menge ihres Gewichtes in Anschlag gebracht werden, so bedingte bei dem eben angeführten Versuch jeder spätere Lösungsakt eine geringere Wärmeabsorption, was nichts Anderes heisst, als dass die Gesammtsumme der Bewegungen jedes folgende Mal bei gleicher Menge der in Lösung gehenden Salztheilchen eine geringere Zunahme erfuhr. Dieses Resultat ist ganz begreiflich, und es erweckt daher unser Interesse, dass der Rohrzucker sich wesentlich anders verhält, wie der folgende Versuch erweist.

Zu 50 ccm Wasser wurden je 10 g feingepulverter Rohrzucker zugesetzt; die Anfangstemperatur betrug immer 20 ° C. Die Temperaturerniedrigungen (das erste Mal von 20 ° auf 19,2 °) beliefen sich bei den acht ersten Zusätzen auf 0,8 °; 0,8 °; 0,75 °; 0,7 °; 0,65 °; 0,65 °; 0,6 °; 0,6 °. Dabei ist zu bemerken, dass der Zucker sich nur die ersten Male rasch, später aber langsamer löste, wobei natürlich etwas Wärme von aussen aufgenommen wurde. Beim 9., 10. und 11. Zusatz erfolgte die Lösung schon sehr langsam und auch unvollständig, so dass die Angabe der Temperaturerniedrigungen, die übrigens nur wenig hinter den angegebenen zurückblieben, keinen Werth hat. Wenn also der Rohrzucker partieenweise gelöst wird, so bedingen die ersten und die letzten Zusätze beinahe die nämliche Ermässigung des Wärmegrades in der ganzen Masse. Dies ist schon an und für sich und besonders beim Vergleich mit dem salpetersauren Ammoniak auffallend, bei welchem das Thermometer bei dem 1. Lösungsakt um 11,2 °, beim 8. bloss um 3,8 ° sank.

Der Unterschied im Verhalten des genannten Salzes und des Rohrzuckers lässt sich, wie in glaube, nur durch die Annahme erklären, dass bei der Lösung des Zuckers noch ein wärmeerzeugender Process mitspielt, welcher bei den successiven Lösungsakten fast in gleichem Masse wie der kälteerzeugende Process abnimmt. Die Ursache der Wärmeerzeugung können wir bloss in der Anziehung finden, welche die Zuckermoleküle auf das zunächst liegende Wasser ausüben, so dass dasselbe in einen weniger bewegten Zustand übergeht. Die Menge der freiwerdenden Wärme muss aber mit jedem folgenden Zusatz geringer ausfallen, weil von den neu eintretenden Zuckermolekülen

---

der Temperatur von 13,6 °C. auf —13,6 °, also eine Differenz von 27,2 °C. Die gesättigte Lösung enthielt aber, wegen der niedrigen Endtemperatur, bloss 30 g Salz auf 50 Wasser.

zum Theil solches Wasser in Anspruch genommen werden muss, das schon durch die früher gelösten Zuckermoleküle eine Minderung seiner Bewegung erfahren hat. Wir müssen also annehmen, dass der Rohrzucker im Wasser Hydropleone bilde, und dass, wenn die Hydropleonbildung vielleicht auch dem salpetersauren Ammoniak nicht mangelt, dieselbe beim Rohrzucker doch mit einer viel festeren Bindung der Wassermoleküle und in Folge dessen mit einer viel bemerkbareren Beeinflussung der Wärmetönung verbunden sei.

In der Zuckerlösung lässt sich noch eine andere interessante Thatsache wahrscheinlich machen, die Micellbildung. Dieser Gedanke wird uns nahe gelegt durch den ungleichen Charakter der Wärmetönungen, welche beim Verdünnen einer gesättigten Lösung von salpetersaurem Ammoniak und einer solchen von Rohrzucker auftreten. 25 ccm der gesättigten Lösung von salpetersaurem Ammoniak wurden mit 25 ccm Wasser vermischt; die Temperatur beider Flüssigkeiten betrug 19,7° C. Beim Vermischen erniedrigte sie sich auf 14,6° C., also um 5,1°. Das Gemisch wurde wieder auf 19,7° erwärmt und dann abermals 25 ccm Wasser zugesetzt; das Thermometer sank diesmal auf 18,2°, also um 1,5°. Diese Wärmeabsorption beim Verdünnen der Lösung eines Salzes, welches beim Lösen Wärme aufnimmt, ist eine allgemeine und bekannte Thatsache. Man sollte also erwarten, dass eine Zuckerlösung bei Wasserzusatz ebenfalls ihre Temperatur erniedrige, da der Zucker sich unter Wärmeaufnahme löst. Allein es tritt das Gegentheil ein.

25 ccm der gesättigten Rohrzuckerlösung von 19,4° C. wurden mit 25 ccm Wasser der gleichen Temperatur vermischt; die Temperatur stieg auf 20,1°, also um 0,7°. Ein abermaliger Zusatz von 25 ccm Wasser, diesmal mit der Anfangstemperatur von 19,8°, hatte eine Erhöhung auf 20,0°, also um 0,2° zur Folge. — Ferner wurden 40 ccm gesättigte Zuckerlösung mit 10 ccm Wasser vermischt; die Temperatur stieg von 19,4° C. auf 19,7°, also um 0,3°. Ein zweiter Zusatz von 10 ccm Wasser bewirkte eine Erhöhung von 19,4° auf 19,6°, also um 0,2°. Ein dritter Zusatz von 10 ccm Wasser liess keine Temperaturveränderung mehr wahrnehmen.

Es geht also bei der Verdünnung einer koncentrirten Zuckerlösung neben dem kälteerzeugenden Process, der nothwendig vorhanden sein muss, wieder ein wärmeerzeugender Process nebenher, und zwar überwiegt diesmal der letztere. Die Wärme kann bloss durch Hydropleonbildung frei werden. Im Uebrigen aber sind zwei Annahmen möglich.

Entweder ist die gesättigte Zuckerlösung eine Molekularlösung; dann sind alle Wassermoleküle mit den Zuckermolekülen pleonisch vereinigt. Die letzteren vermögen aber eine viel grössere Menge von Wasser anzuziehen, als ihnen die gesättigte Lösung darbietet. Daher wird bei der Verdünnung so lange Wärme frei, als noch Wasser sich mit Zuckermolekülen vereinigen und in einen Zustand geminderter Bewegung übergehen kann. — Oder die gesättigte Zuckerlösung ist eine Micellarlösung. Dann bewirkt der Zusatz von Wasser das Zerfallen der Micelle in die einzelnen Moleküle, welche sich mit Wassermolekülen zu Hydropleonen vereinigen und somit wieder Wärme frei machen.

Ob das Eine oder Andere wahrscheinlicher sei, darüber müssen andere Betrachtungen entscheiden. Die bei gewöhnlicher Temperatur gesättigte Rohrzuckerlösung besteht aus 2 Theilen Zucker und 1 Theil Wasser; es treffen somit auf 2 Moleküle Zucker 19 Moleküle Wasser. Das Molekularvolumen des Rohrzuckers im krystallisirten Zustande ist $\frac{342}{1,606}$ oder 212,95, das des Wassers ist 18; es verhält sich also das erstere zu dem letzteren wie 11,831 : 1. Die Durchmesser der kugelig oder kubisch gedachten Molekularvolumen der beiden Verbindungen aber verhalten sich wie $\sqrt[3]{11,831}$: 1 oder wie 2,2786 : 1. Bei vorausgesetzter Kugelgestalt des Zuckermoleküls[1]) stösst demnach dasselbe, wenn es sich in einer hinreichenden Menge Wasser befindet, ungefähr an 44 Wassermoleküle an; wenn es aber, was wohl unzweifelhaft ist, eine andere Gestalt besitzt, so berührt es eine entsprechend grössere Zahl, so dass wir wohl 50 als Minimum annehmen dürfen. In der gesättigten Lösung sind für jedes Zuckermolekül bloss 9 bis 10 Wassermoleküle disponibel. Ist es eine molekulare Lösung, so müssen diese Wassermoleküle wegen der grossen Verwandtschaft zwischen den beiden Verbindungen, mit den Zuckermolekülen zu Hydropleonen vereinigt sein, und zwar müssen sie die Stellen der grössten Anziehung einnehmen, während die übrigen ⁴/₅ der Oberfläche eines Zuckermoleküls unbesetzt bleiben. Wir haben uns dann die Vorstellung zu bilden, dass das bei gewöhnlicher Temperatur unbewegliche Zuckermolekül durch die 9 oder 10 mit ihm vereinigten Wassermoleküle bewegungs-

---

[1]) Wenn ich hier und in der Folge von Grösse und Gestalt des Moleküls spreche, so verstehe ich darunter immer den Raum, den es sammt seiner Wirkungssphäre wirklich in Anspruch nimmt.

fähig werde. Bei 40° C. genügen 6 Wassermoleküle, um dem Zuckermolekül die Eigenschaften eines Flüssigkeitstheilchen zu verleihen,
und mit dem weiteren Steigen der Temperatur wird für diesen Zweck
eine immer kleiner werdende Zahl von Wassermolekülen erfordert, welche
stets die der grössten Anziehung entsprechenden Punkte der Oberfläche
besetzen, bis zuletzt der Zucker ohne Hilfe von Wasser flüssig wird.

Die Möglichkeit eines solchen Verhaltens ist sicher vorhanden;
dann hat aber die gesättigte Rohrzuckerlösung bei jeder Temperatur,
auch bei 0°, nicht eigentlich den Charakter einer Lösung, sondern eher
den des geschmolzenen Zustandes, indem sie aus gleichartigen in Bewegung
begriffenen Theilchen (den Hydropleonen) besteht. Mit der eigentlichen
Lösung verbinden wir gewöhnlich die Vorstellung, dass Theilchen einer
unlöslichen Substanz, also Theilchen, die bei der gegebenen Temperatur
unbeweglich sind, durch die Stösse von Flüssigkeitstheilchen, also von
Theilchen, die sich neben und durch einander fortbewegen, in Bewegung
erhalten werden. Dies ist für die gesättigte Zukerlösung nur denkbar,
wenn sie nicht eine molekulare, sondern eine micellare Lösung darstellt, — und hierin eröffnet sich die zweite mögliche Vorstellung.

Dass die gesättigte Rohrzuckerlösung nicht eine Molekularlösung
im gewöhnlichen eben angegebenen Sinne sein kann, geht aus dem
Grössen- und Zahlenverhältniss der Zucker- und Wassermoleküle hervor.
Ich will annehmen, dass das Volumen, welches ein Molekül einnimmt,
in der Lösung sich gleich verhalte, wie wenn Zucker und Wasser getrennt sind. In Wirklichkeit wird das Verhältniss ein etwas anderes
sein. Wenn Rohrzucker in grösserer Menge sich in Wasser löst, so
findet Volumenzunahme statt; bei verdünnten Lösungen tritt Verdichtung
ein. 100 Volumtheile der bei gewöhnlicher Temperatur gesättigten
Lösung enthalten 55,00 Volumtheile krystallisirten Zucker und 44,17
Volumtheile Wasser; also hat beim Lösungsakt eine Volumvermehrung
von 99,17 auf 100 stattgehabt. Diese Zunahme trifft ohne Zweifel den
Raum, den die Zuckermoleküle einnehmen. Die schon oben gemachte
Voraussetzung, dass in der Lösung das Molecularvolumen des Zuckers
zu dem des Wassers sich verhalte wie 11,831 : 1, begeht also einen
kleinen Fehler, der aber für die nun folgende Erwägung fast ganz
bedeutungslos ist und dessen Vermeidung nur das Ergebniss noch
steigern würde.

Eine gleichmässige Vertheilung der freibeweglichen (nicht zu Hydropleonen vereinigten) Zucker- und Wassermoleküle in der gesättigten

Lösung ist unmöglich; denn zwischen zwei polyedrisch gedachten Zucker-molekülen bliebe bloss ein Zwischenraum, der kaum halb so gross wäre als der Durchmesser eines kugelig oder kubisch gedachten Wasser-moleküls. Die Molekurlarlösung müsste also eine derartige ungleiche Vertheilung zeigen, dass die Zuckermoleküle stellenweise sich berührten, stellenweise durch Wasser getrennt wären; es müssten selbst ziemlich ansehnliche Partieen in der Lösung stets nur aus Zuckermolekülen bestehen. Diese Annahme ist unstatthaft, weil solche Partieen nichts Anderes wären als geschmolzener Zucker, und weil der geschmolzene Zustand erst bei 166° eintritt und bei gewöhnlicher Temperatur sofort erstarren müsste. Stellt aber die gesättigte Rohrzuckerlösung eine Micellarlösung dar, so ist die Möglichkeit gegeben, dass die Micelle ganz von Wasser umgeben sind und durch das Wasser in beständiger Bewegung erhalten werden, wie die Moleküle in einer verdünnteren Lösung.

Unter bestimmten Voraussetzungen lässt sich die Grösse der Zuckermicelle in der gesättigten Lösung bestimmen. Es ist dabei vor Allem wichtig, zu entscheiden, durch wie viele Schichten von Wasser-molekülen zwei Micelle wenigstens getrennt sein müssen. Aus den früheren Erörterungen ergiebt sich, dass das Zuckermolekül Wasser anzieht und in einen weniger bewegten oder starren Zustand versetzt. Es muss also auch das Zuckermicell von einer einfachen Lage theils starrer, theils wenig bewegter Wassermoleküle umgeben sein und ausserdem muss noch freies Wasser zwischen den Micellen vorkommen. Nehmen wir an, dass das sämmtliche Wasser für die einschichtigen Häutchen verwendet sei, dass also zwischen je 2 Micellen sich 2 einfache Lagen von Wassermolekülen befinden, so müssen die Micelle durchschnittlich etwa aus 66 Zuckermolekülen bestehen. Verlangt die gesättigte Lösung 3, 4 oder 5 Schichten von Wassermolekülen zwischen je 2 Micellen, so müssen diese 223, beziehungsweise 529 und 1033 Zuckermoleküle enthalten [1]).

[1]) Da die Gestalt der Zuckermicelle unbekannt ist, nehme ich sie für die Rechnung kubisch an; andere Annahmen, wie etwa, dass sie die Gestalt von Zuckerkrystallen haben oder dass sie kugelig seien, würden zu beträchtlich grösseren Micellen führen. Die Rechnung ergiebt also Minimalwerthe.

Wenn die gesättigte Lösung aus 2 Gewichtsth. Rohrzucker und 1 Gewichtsth. Wasser besteht, so enthalten, wie bereits im Text bemerkt wurde, 100 Volumth. Lösung 55,00 Volumth. Zucker und 44,17 Volumth. Wasser. Das Volumen des Zuckermicells zu dem seiner Wasserhülle muss sich also verhalten wie

Es ist selbstverständlich, dass die Micellarlösungen nicht die angenommene Regelmässigkeit zeigen können, Diese Annahme sollte nur dazu dienen, um überhaupt eine Vorstellung der möglichen numerischen Verhältnisse zu gewinnen, die auch zur Vergleichung mit den verwandten organisirten Substanzen (Stärke und Cellulose) nicht ohne Interesse sind. In Wirklichkeit müssen die Micelle der Lösung ungleiche Grösse, Gestalt und Vertheilung im Wasser haben, wodurch die Grösse derselben im Allgemeinen die angenommenen Werthe unter den übrigens gleichen Voraussetzungen erheblich überschreitet. Mit Rücksicht darauf dürfen wir wohl annehmen, dass in der gesättigten Rohrzuckerlösung die Micelle wenigstens eine durchschnittliche Molekülzahl zwischen 200 und 1000 zeigen werden.

Wir können ferner die Micelle in dem vorliegenden Falle, was Grösse und Gestalt betrifft, nicht als beständig betrachten. Vielmehr sind dieselben in stetem Wachsen und Abnehmen, in steter Neubildung und Auflösung begriffen, je nach den momentanen Einflüssen des um-

---

55,00 : 44,17 oder wie 1 : 0,803, und das Zuckermicell allein zu dem Micell sammt seiner Wasserhülle wie 1 : 1,803. Die Durchmesser dieser beiden Würfel sind 1 und $\sqrt[3]{1,803}$ oder 1,2171. Somit ist, wenn der Durchmesser eines Micells = 1, die Dicke der überall gleich mächtigen Wasserhülle $\frac{0,2171}{2}$ oder 0,1085, und der mit Wasser erfüllte Abstand zwischen zwei Micellen beträgt 0,2171. — Das Volumen des Rohrzuckermoleküls verhält sich zu dem des Wassermoleküls, wie ebenfalls bereits angegeben worden, wie 11,831 : 1 und der Durchmesser (bei angenommener Würfelgestalt der Moleküle) wie 2,2786 : 1 oder wie 1 : 0,43891.

Wird nun das Volumen des Zuckermoleküls als Einheit angenommen und bezeichnen wir mit x die gesuchte Zahl der Moleküle, welche ein Zuckermicell zusammensetzen, so ist $\sqrt[3]{x}$ der Durchmesser des Micells ausgedrückt in Moleküldurchmessern. Ferner ist, da der Durchmesser eines Wassermoleküls = 0,43891, wenn wir die Zahl der Wassermolekülschichten, welche zwei Zuckermicelle trennen, mit n bezeichnen, der Abstand der letzteren $n \cdot 0,43891$; dies ist aber auch die Summe der beiden dem Micell angehörenden, diametral gegenüberliegenden Wassermolekülschichten. Da nun gefunden wurde, dass der Durchmesser des Micells sich zu dieser Summe verhält wie 1 : 0,2171, so haben wir die Proportion $\sqrt[3]{x} : n \cdot 0,43891 = 1 : 0,2171$; daraus $\sqrt[3]{x} = \frac{n \cdot 0,43891}{0,2171}$; $\sqrt[3]{x} = n \cdot 2,0217$ und endlich $x = n^3 \cdot 8,2632$. Indem man für n nach einander die Werthe 2, 3, 4, 5 einsetzt, erhält man die im Texte angegebenen Zahlen der ein Micell bildenden Moleküle; dieselben verhalten sich wie die dritten Potenzen aus den Zahlen der trennenden Wassermolekülschichten.

gebenden Mediums, je nachdem bei der unaufhörlichen wogenden Bewegung der Flüssigkeitstheilchen das Micell bald mit mehr bald mit weniger Wasser, bald mit Wasser, das einen grösseren, bald mit solchem, das einen geringeren Gehalt an gelösten Molekülen besitzt, in Berührung kommt, je nachdem ferner das Micell in Regionen mit grösseren oder kleineren Mengen von freier Wärme gelangt, denn diese muss wegen der Verdunstung und wegen der beständigen Veränderung des Aggregatzustandes auch beständig wechseln. — Die gesättigte Micellarlösung von Rohrzucker zeigt also rücksichtlich der zeitlichen Konstanz eine wesentliche Verschiedenheit gegenüber den Micellarlösungen von Dextrin und Gummi. Die Micelle der letzteren sind, weil unlöslich, auch unveränderlich.

Wie der Rohrzucker verhält sich auch der Traubenzucker in gesättigter Lösung, für welche die nämlichen zwei Annahmen gemacht werden können. Entweder ist sie eine Flüssigkeit von Hydropleonen mit dem Charakter des geschmolzenen Zustandes oder eine wirkliche Lösung von Micellen. — Bei 15 ⁰ C. lösen sich in 100 Wasser 81,68 wasserfreier Traubenzucker ($C_6H_{12}O_6$); also kommen auf 1 Molecül Zucker 12,24 Moleküle Wasser. Das Molekularvolumen des Zuckers ist ungefähr 128,6 und verhält sich zu dem des Wassers wie 7,14 : 1 oder wie 1 : 0,140; die Durchmesser der beiden Moleküle verhalten sich zu einander wie 1,926 : 1. Das Zuckermolekül wird in einer hinreichenden Menge Wasser (für vorausgesetzte Kugelgestalt) wenigstens von 27 Molekülen Wasser berührt.

Bildet der Traubenzucker bei der Sättigung eine micellare Lösung, so enthalten die Micelle das gewöhnliche Krystallwasser; sie sind dann aus Hydropleonen von $C_6H_{12}O_6 + H_2O$ zusammengesetzt. Sind die Micelle durch 2 Schichten von Wassermolekülen getrennt, so beträgt ihre Pleonzahl 25; befinden sich aber 3, 4 oder 5 Schichten von Wassermolekülen zwischen je zwei Micellen, so besteht jedes der letzteren aus 83, beziehungsweise 197 und 385 Paaren von 1 Zucker- und 1 Wassermolekül [1]).

---

[1]) Die gesättigte Traubenzuckerlösung enthält auf 100 Gewichtsth. Wasser 97,85 Gewichtsth. krystallisirten Zucker ($C_6H_{12}O_6 + H_2O$), somit 100 Volumth. Wasser und $\frac{97,85}{1,386}$ oder 70,6 Volumth. Zucker; das Volumen des Micells verhält sich also zu demjenigen seiner Wasserhülle wie 70,6 : 100 oder wie 1 : 1,416. Ein kubisches Micell, gleich 1 gesetzt, bildet mit der zugehörigen Wassermenge, welche dasselbe überall gleichmässig umgiebt, einen Würfel

Es versteht sich, dass die Erwägungen, welche sich für die gesättigten Zuckerlösungen anstellen lassen, auch für alle andern sehr
leicht löslichen Stoffe gelten. Ob dabei die Micellbildung wirklich
stattfinde, dürfte erst entschieden werden, wenn die genauen Wärmetönungen für die verschiedenen Koncentrationen der Lösung erforscht
sind. Bis dahin ist die Theorie, dass Molekularlösungen bei der Annäherung an den Sättigungszustand in Micellarlösungen übergehen
können, bloss eine nahe liegende Wahrscheinlichkeit. Sie kann einige
Unterstützung finden an der verwandten Theorie, dass in geschmolzenen
Körpern bei der Annäherung an die Erstarrungstemperatur dem Festwerden ebenfalls Micellbildung vorausgehe, wie dies für das Wasser
so ausserordentlich wahrscheinlich ist. Die einfachste Erklärung für
die bekannte Erscheinung, dass das Wasser mit dem Sinken der
Temperatur bis zu 4° C. sein Volumen vermindert, dann bis zu 0°
sich wieder ausdehnt und beim Gefrieren noch eine stärkere Aus-
dehnung erfährt, scheint mir die, dass bei 4° noch alle Wassermoleküle in Bewegung, also im flüssigen Zustande sich befinden, dass sie
aber unter 4° beginnen, sich zu kleinen Krystallanfängen oder Micellen
zu vereinigen. Die Menge der Eismicelle vermehrt sich mit der Annäherung an den Nullpunkt, und in Folge dessen nimmt auch das
Volumen zu. Dabei bleibt das Wasser als Micellarlösung noch vollkommen flüssig, bis die dauernde Wärmeentziehung Eisbildung in
grösserem und sichtbarem Masse bewirkt[1]).

---

von dem Volumen 2,416 und dem Durchmesser $\sqrt[3]{2,416}$ oder 1,3418. Wenn
also der Durchmesser des Micells = 1, so ist der wasserführende Abstand
zweier Micelle = 0,3418. — Das Volumen eines aus 1 Zucker- und 1 Wassermolekül bestehenden Hydropleons ist $\frac{198}{1,386}$ oder 142,86. Dasselbe verhält sich
zum Molekularvolumen des Wassers wie 142,86 : 18 oder wie 1 : 0,1260, und
der Durchmesser eines Hydropleons verhält sich zum Durchmesser des Wassermoleküls wie $1 : \sqrt[3]{0,1260}$ oder wie 1 : 0,50133.

Ist nun x die Zahl der Pleone, welche ein Micell bilden, somit $\sqrt[3]{x}$
der Durchmesser des Micells in Pleondurchmessern, ferner $n \cdot 0{,}50133$ der
Abstand zwischen je zwei Micellen (welcher der Summe der gegenüberliegenden
Wasserhüllen des einzelnen Micells gleich ist), so haben wir die Proportion
$\sqrt[3]{x} : n \cdot 0{,}50133 = 1 : 0{,}3418$, daraus $\sqrt[3]{x} = n \cdot 1{,}4667$ und somit $x = n^3 \cdot 3{,}0834$.

[1]) Die Richtigkeit dieser Hypothese könnte auf thermischem Wege geprüft
werden, wenn die Instrumente eine hinreichende Genauigkeit der Bestimmung

Was die micellaren Verhältnisse der unlöslichen Kohlenhydrate
(Stärke, Cellulose) betrifft, so setze ich die hier nicht weiter zu er-
örternde Thatsache als sicher voraus, dass im Allgemeinen (die Micelle
im jugendlichsten Stadium und in äusserst wasserreichen Partieen
machen wohl eine Ausnahme) polyedrische Micelle regelmässig zusam-
mengefügt sind und in einander greifen, und dass dieselben im benetzten Zustande mit Wasserhüllen von nahezu gleicher Mächtigkeit
umgeben, also überall durch Wasserschichten von ungefähr gleicher
Dicke getrennt sind. Unter dieser Voraussetzung stehen der Wassergehalt und der Substanzgehalt eines organisirten Körpers in einem
bestimmten Zusammenhang, indem jener mit der 2. Potenz, dieser
mit der 3. Potenz der Micelldurchmesser zunimmt. Damit erhalten
wir aber bloss eine Andeutung über die relative Micellgrösse ungleicher
Quellungszustände. Um bestimmtere Vorstellungen zu gewinnen, müssen
noch andere Thatsachen aufgefunden werden, die sich für die Beurtheilung des micellaren Aufbaues verwenden lassen.

Eine solche Thatsache ist die Aufnahme von gelösten Stoffen.
Indem wir den geringsten hiefür erforderlichen Zwischenraum zwischen
den Micellen annehmen, gelingt es, wenigstens untere Grenzen für die
Micellgrösse bei einem bestimmten Wassergehalt der Substanz festzu-
stellen. In dieser Beziehung dürfen wir aber nicht den Durchgang
gelöster Stoffe durch Membranen als massgebend betrachten, weil derselbe nicht nothwendig zwischen allen Micellen erfolgt, sondern möglicherweise besonders dafür hergerichtete Wege einschlägt. Thierische
Membranen mit ihren gröblichen Räumen können selbstverständlich
nicht in Betracht kommen. Der Pflanzenzellmembran mangeln zwar
solche kapillare Räume, indem die stärksten mikroskopischen Vergrösserungen sie als homogen erscheinen lassen. Dennoch müssen
auch in ihnen weitere Kanälchen die Micellarstruktur durchziehen,
wie folgende Betrachtung zeigt.

Die grössten durch Pflanzenzellmembranen diosmirenden Körperchen
sind wohl die Eiweissmicelle, welche mit alkalischen Flüssigkeiten und,

---

erlaubten. Bei Temperaturgraden unter Null müsste die Menge der gebundenen Wärme um so viel geringer sein, als der in Form von Micellen vorhandenen Menge des Eises. die sich aus dem specifischen Gewicht leicht berechnen lässt, entspricht. Diese Menge der Eismicelle ist sehr gering; sie macht
bei 0^0 etwas weniger als den 700ten Theil des Volumens und etwa den 800ten
Theil des Gewichts von dem molekularflüssigen Wasser aus. Das Schmelzen
derselben würde die Temperatur des Wassers nur um $^1/_{10}{}^0$ C. erniedrigen.

wie ich gezeigt habe, in neutralem und schwachsaurem Wasser unter
dem Einflusse der Gärthätigkeit diosmiren. Bei dem wahrscheinlicher-
weise so hohen Molekulargewicht des Eiweissmoleküls müssen diese
Micelle eine sehr ansehnliche Grösse besitzen und können unmöglich
durch die gewöhnlichen Zwischenräume zwischen den Cellulosemicellen
hindurchgehen. Wenn die letzteren eine polyedrische, regelmässig in
einander passende Gestalt besitzen, so verhält sich in den dichteren
Schichten von 33,3 % Wassergehalt, wie sie häufig vorkommen, der Abstand
zwischen den Micellen zu dem Durchmesser derselben wie 1 : 4,6
(das specifische Gewicht der Cellulose zu 1,6 angenommen). In diesen
Zwischenraum zwischen den Micellen können zahlreiche Wassermoleküle
und allenfalls Moleküle von Verbindungen, die im Wasser gelöst sind,
eintreten; für die Aufnahme von Micellen aber ist derselbe viel zu
eng. Um Micelle von gleicher Grösse wie die anliegenden aufzunehmen,
müsste er 5,6 mal weiter sein; dann aber wären diese Micelle erst
als feste und unbewegliche Bausteine eingesetzt. Um dieselben frei
hindurchschwimmen zu lassen, müsste der Zwischenraum noch viel
weiter werden.

Dies gilt aber nicht bloss für die Diosmose der Eiweissmicelle.
Da die Micellarabstände in einer Membran durch die beiden Anziehungen von Substanz zu Substanz und Substanz zu Wasser geregelt
sind und da sie in Folge dessen überall ungefähr gleich gross sein
müssen, so können überhaupt keine freibeweglichen Micelle darin
circuliren. Denn wenn auch an den Ecken der Membranmicelle die
Zwischenräume weiter sind als an den Seiten, so reichen sie doch für
den Durchgang von Micellarlösungen lange nicht aus. Wir sind daher
zu der Annahme genöthigt, dass an gewissen Stellen die Membranmicelle weiter aus einander treten und förmliche Kanälchen zwischen
sich lassen, welche sich zu den gewöhnlichen Micellarinterstitien ähnlich
verhalten wie die Luft- oder Gummigänge in den Geweben zu den
Intercellulargängen. Es giebt selbst anderweitige Thatsachen, welche
die Vermuthung nahe legen, dass solche Kanälchen in regelmässiger
Vertheilung durch die Pflanzenzellmembran hindurchführen, so dass
dieselbe, mit noch stärkeren Vergrösserungen, als wir sie besitzen, von
der Fläche betrachtet, wie ein feines Sieb erscheinen würde.

Wir dürfen also den Abstand der Micelle in einem organisirten
Körper nur nach der molekularen Grösse derjenigen gelösten Verbindungen beurtheilen, von denen wir sicher sind, dass sie überall

zwischen die Micelle eindringen. Man möchte wohl geneigt sein, dafür die verunreinigenden eingelagerten Stoffe zu benutzen; denn es sind dies Verbindungen, welche im molekular-gelösten Zustande in die organisirten Körper hineingehen und unter dem Einfluss der Molekularanziehung sich an die Micelle anlegen und von denselben gleichsam im unlöslichen Zustande festgehalten werden. Es ist wahrscheinlich, dass diese eingelagerten Stoffe (Kalk- und Kieselsalze, Farbstoffe, stickstoffhaltige Verbindungen, Jod) allen Micellen anhaften, weil durch dieselben beispielsweise die ganze Substanz eine gleiche Widerstandsfähigkeit gegen Quellungs- und Lösungsmittel erhält. Aber es wäre nicht absolut unmöglich, dass die einen oder andern bloss den Ecken, nicht den Seiten der Micelle anlägen, und dass daher ihre Molekulargrösse nur für die Eckenabstände, nicht auch für die Seitenabstände einen Massstab abgäbe. Somit bleibt als unzweifelhaft entscheidend nur diejenige gelöste Verbindung, durch welche die Micelle sich vergrössern, denn ihr Wachsthum muss überall vor sich gehen. Die plastischen Stoffe, durch welche Stärke und Cellulose wachsen, können aber nur Zuckerarten sein, weil die übrigen Kohlenhydrate molekularunlöslich sind, und unter den Zuckerarten dürfen wir nur Glykoseformen, weil sie das kleinste Molekül besitzen, der Betrachtung zu Grunde legen.

Der Abstand der Cellulose- und Stärkemicelle in den Zellmembranen und Stärkekörnern muss also mindestens so gross angenommen werden, dass Glykosemoleküle zwischen denselben cirkuliren können. In dieser Beziehung ist Folgendes zu berücksichtigen. Wie ich früher ausführte, befindet sich wenigstens eine einfache Schicht von Wassermolekülen an der Oberfläche der Micelle in Ruhe und darf für diosmotische Bewegungen nicht in Anspruch genommen werden. Es frägt sich somit noch, wie viel Raum das freibewegliche Glykosemolekül in Anspruch nehme. Dasselbe hat sammt dem Wassermolekül, welches es im krystallisirten Zustande festhält und sicher auch im gelösten Zustande bewahrt, ein Volumen von 7,937 und einen mittleren Durchmesser von 1,995, wenn Molekularvolumen und Molekulardurchmesser des Wassers die Einheit bilden. Es ist aber möglich und nicht unwahrscheinlich, dass das Glykosemolekül an der ganzen Oberfläche die anstossenden Wassermoleküle durch Anziehung bindet und in der Flüssigkeit mit fortführt. Dann würde der Hydropleondurchmesser 3,995 betragen. Je nachdem nun das Eine oder Andere der Fall ist, muss für die

Cirkulation der Glykosemoleküle der Abstand zweier Micelle zum mindesten 5 oder 7 Wassermoleküldurchmesser betragen [1]).

Für dieses Minimum des Abstandes lässt sich bei bestimmtem Wassergehalt der Stärke oder Cellulose die Grösse und Molekülzahl der Micelle als Minimalwerthe berechnen. Für die Rechnung ist die Kenntniss des Molekularvolumens von Stärke und Cellulose, somit des Molekulargewichts und specifischen Gewichts erforderlich. Da die Konstitution der genannten Verbindungen noch unbekannt ist, so bleibt nichts Anderes übrig, als die Rechnung für Einheiten von je 12 C. mit den zugehörigen Mengen H und O, somit für die Formel $C_{12}H_{20}O_{10}$ auszuführen. Was das specifische Gewicht betrifft, so wird dasselbe für Stärkemehl zu 1,530 angegeben. Mit Rücksicht auf die Stärke-micelle ist dies offenbar zu gering. Es giebt zwei Ursachen, warum Stärkekörner ein geringeres specifisches Gewicht haben als ihre Micelle. Einmal ist es schwer, selbst nach sorgfältigem Trocknen, alles Wasser aus den Stärkekörnern zu entfernen, — und ferner bleiben, wenn dies auch geschehen ist, immer leere Lücken zwischen den Micellen, deren Betrag nicht zu beurtheilen ist. Es giebt ebenfalls zwei Gründe, welche dafür sprechen, dass die Stärkemicelle ein grösseres specifisches Gewicht selbst als Rohrzucker besitzen. Einmal ist die Stärke ver-hältnissmässig reicher an C, ärmer an H und O, — und ferner sind ohne Zweifel die Moleküle grösser und enthalten ein Mehrfaches von 12 C. Da indessen keine Gewissheit hierüber besteht, so habe ich das specifische Gewicht von Stärke und Cellulose bloss zu 1,6 (gleich dem Rohrzucker) angenommen. Dadurch wird das Volumen der Ein-heiten $C_{12}H_{20}O_{10}$ grösser, als es zweifellos in Wirklichkeit ist; in Folge dessen giebt die Rechnung kleinere Zahlen für die Micellgrösse und somit auch in dieser Beziehung Minimalwerthe.

Der Wassergehalt der Stärkekörner und vieler Zellmembranen beträgt 50 %. In sehr dichten Schichten kann er unter 17 % sinken, in sehr weichen Schichten beträchtlich über 90 % steigen. Bei mittlerem Wassergehalt (100 Gewichtstheile Substanz + 100 Wasser) bestehen

---

[1]) Man könnte nach den angegebenen Dimensionen meinen, dass der Abstand von 4 und 6 Wassermoleküldurchmessern genüge. Es ist aber zu berücksichtigen, dass die Zuckermoleküle bloss für die Rechnung kugelig und kubisch angenommen wurden, dass sie ohne Zweifel ziemlich weit von dieser Gestalt entfernt sind und daher für ihre wälzenden Bewegungen zum min-desten den angesetzten Raum bedürfen.

die Micelle für die Annahme, dass ihr mittlerer Abstand 5 Wassermoleküldurchmesser betrage, aus 213 Molekülen (d. h. Einheiten von
$C_{12}H_{20}O_{10}$), für die Annahme eines Abstandes von 7 Wassermolekülen
dagegen aus 585 Molekülen. Wenn der Wassergehalt sich seinem
Maximum nähert und 90,9 % beträgt (100 Substanz + 1000 Wasser),
so bestehen die Micelle für den Abstand gleich 5 und für denjenigen
gleich 7 Wassermolekülen aus 3 und beziehungsweise aus 8 Molekülen
($C_{12}H_{20}O_{10}$). Nähert sich der Wassergehalt seinem Minimum und
beträgt er 16,7 % (100 Substanz + 20 Wasser), so sind die Micelle
für den Abstand von 5 und von 7 Wassermolekülen aus 12344 und
beziehungsweise aus 33862 Molekülen ($C_{12}H_{20}O_{10}$) zusammengesetzt[1].

Für die Rechnung wurde eine regelmässige Anordnung kubischer
Micelle angenommen, so dass der Zwischenraum zwischen denselben
überall genau entweder 5 oder 7 Wassermoleküldurchmesser beträgt.
Die Annahme anderer, auch unregelmässiger und unter sich ungleich
grosser, polyedrischer Formen würde, vorausgesetzt dass dieselben
überall genau in einander passen und gleiche Abstände zeigen, ganz
ähnliche Resultate für eine mittlere Grösse ergeben. Nun sind aber
sehr wahrscheinlich die Zwischenräume an den Ecken der Micelle
grösser als an den Seiten, so dass dort etwas weitere diosmotische
Wege offen stehen. Dadurch wird die Grösse der Micelle für einen
bestimmten Wassergehalt der Gesammtsubstanz erhöht, — und diese

---

[1] Das Molekularvolumen von Stärke und Cellulose (zu $C_{12}H_{20}O_{10}$ angenommen) verhält sich, wenn das specifische Gewicht dem des Rohrzuckers
gleich gesetzt wird, zu dem Molekularvolumen des Wassers wie 1 : 0,09 und
die Durchmesser der beiden Moleküle verhalten sich wie $1 : \sqrt[3]{0,09}$ oder wie
1 : 0,44814. Der benetzte organisirte Körper (Zellmembran, Stärkekorn oder
eine einzelne Partie derselben) bestehe aus 100 Gewichtsth Substanz und m Gewichtsth. Wasser, somit aus 62,5 Volumth. Substanz und m Volumth. Wasser.
Ferner sei x die Zahl der Moleküle ($C_{12}H_{20}O_{10}$), aus denen ein Micell zusammengesetzt ist, somit $\sqrt[3]{x}$ der Durchmesser des Micells, n die Zahl der
Wassermolekülschichten zwischen zwei Micellen (in unserm Fall ist $n = 5$
und 7 gesetzt). Wir haben somit die Proportion

$$\sqrt[3]{x} : n \cdot 0{,}44814 = \sqrt[3]{62{,}5} : \sqrt[3]{m + 62{,}5} - \sqrt[3]{62{,}5}$$

und daraus

$$\sqrt[3]{x} = \frac{n \cdot 0{,}44814 \cdot 3{,}9685}{\sqrt[3]{m + 62{,}5} - \sqrt[3]{62{,}5}} .$$

Durch Einsetzen der Werthe für n (5 und 7) und für m (100, 1000 und 20)
ergiebt sich der Betrag von x.

Grösse wird noch mehr gesteigert für den Fall, dass in den Membranen, wie ich es als wahrscheinlich bezeichnet habe, besondere Wasserkanälchen vorkommen. Es ist dies ein ferneres Moment, warum die berechneten Zusammensetzungen der Micelle Minimalwerthe darstellen. — Endlich ist noch zu bemerken, dass ich die Micelle als krystallwasserfrei angenommen habe, was mir aus chemischen und physikalischen Gründen wahrscheinlich ist. Zwar besteht immerhin die Möglichkeit, dass Stärke- und Cellulosemicelle, nicht dem Beispiele des Rohrzuckers, sondern dem des Traubenzuckers folgend, etwas Krystallwasser enthalten. Wäre dies der Fall, so würden dadurch die berechneten Molekülzahlen für die Micelle abermals vergrössert.

Nachdem ich die micellaren Verhältnisse der Kohlenhydrate einlässlicher besprochen habe, will ich diejenigen der anderen Gruppe von Verbindungen, welche an der Organisation der Pflanze theilnimmt, der Albuminate nämlich, nur kurz in ihren Hauptmomenten betrachten, da ohnehin hier alle Anhaltspunkte für eine ins Einzelne gehende Erörterung mangeln. Der wichtigste Umstand, von dem auch die ganze Beurtheilung abhängt, liegt in der Thatsache, dass die Albuminate bloss in micellaren Lösungen vorkommen. Ich glaube dies mit vollkommener Sicherheit aussprechen zu können, da ihren Lösungen durchaus die Eigenschaften abgehen, welche die Krystallogene auszeichnen. Sie verhalten sich bei neutraler Reaktion wie die übrigen Kolloide rücksichtlich der Diosmose und anderer physikalischer Eigenschaften; ihre Theilchen legen sich nicht zu Krystallen, sondern zu Krystalloiden an einander. Die so auffallenden Erscheinungen, welche die verschiedenen Albuminate beim Uebergang aus dem gelösten in den koagulirten Zustand und umgekehrt zeigen, lassen sich, wie ich glaube, in genügender Weise nur erklären, wenn Micelle und nicht Moleküle die Lösung bilden.

Dass die Micelle der Albuminate, wie diejenigen der Stärke und Cellulose, krystallinische Körperchen sind, geht aus dem Verhalten der Krystalloide hervor. In diesem Zustande, in welchem zahlreiche Micelle in ihrer Orientirung übereinstimmen, offenbaren sie doppelbrechende Eigenschaften. Dass sie in allen anderen Zuständen diese Eigenschaften nicht erkennen lassen, ist leicht erklärlich, weil sie bald wegen unregelmässiger Anordnung, bald wegen zu spärlichem Vorkommen in wasserreicher Substanz es nicht zu einer bemerkbaren optischen Wirkung zu bringen vermögen.

Die Albuminate, die in den Organismen immer mehr oder weniger verunreinigt oder mit anderen Verbindungen gemengt vorkommen, bezeichnet man gewöhnlich, je nachdem sie gelöst oder nicht gelöst sind, als Plasma oder Protoplasma. Zweckmässiger für den Gebrauch und logischer in der Auffassung würde man sie allgemein plasmatische Substanzen oder Plasma nennen und die beiden Modifikationen, die gelöste und koagulirte (oder ungelöste), als Hygroplasma und Stereoplasma unterscheiden. Ueberdem wäre ja, da gemeinhin der feste Zustand einer chemischen Verbindung aus dem gelösten hervorgeht (und bei den Albuminaten wird es sich im Allgemeinen ebenso verhalten), gegenüber dem gelösten „Plasma" das ungelöste „Protoplasma" richtiger Hysteroplasma zu nennen.

Die Albuminatlösungen (Hygroplasma) sind vollkommene Lösungen mit unbedingter Beweglichkeit der Micelle, wie beispielsweise eine Gummilösung. Aber die Micelle haben eine sehr grosse Neigung, sich zu Verbänden an einander zu legen, sei es dass sie sich überhaupt in unregelmässiger Weise vereinigen, sei es dass sie Ketten bilden, welche sich baumartig verzweigen oder zu einem Netz verbinden können. Lösungen, welche solche Verbände in geringeren Grössenverhältnissen enthalten, ändern desswegen nicht wesentlich ihren Charakter, indem sie bloss mehr schleimig, mehr opalisirend und weniger zur Diosmose geneigt werden. Nehmen die Verbände an Grösse zu und verbinden sie sich unter einander, so geht das Hygroplasma in Stereoplasma über. Zwischen beiden Zuständen giebt es aber so allmähliche Uebergänge, dass es zuweilen ganz willkürlich wird, ob man den einen oder andern annehmen will. Im Allgemeinen wird man es als Stereoplasma bezeichnen, sobald es unter dem Mikroskop nicht mehr als homogene Flüssigkeit erscheint, sondern sich gegen eine wirkliche Flüssigkeit (Wasser) als verschieden abhebt.

Was die Gestalt der Micelle und die Art ihrer Zusammenordnung im ungelösten Zustande betrifft, so lässt sich nur bezüglich des Krystalloidplasmas mit Sicherheit eine bestimmte Vorstellung bilden. Die Gestalt der Micelle ist in diesem Falle polyedrisch, ihre Anordnung zeigt die nämliche Regelmässigkeit, welche wir für die Moleküle oder Pleone in einem Krystall voraussetzen, und das Imbibitionswasser ist so vertheilt wie in der Stärke und Cellulose. Das Krystalloidplasma zeigt im benetzten Zustande unter den bekannten Stereoplasmaformen allein die Eigenschaften einer relativ festen und nicht dehnbaren Substanz.

Alles übrige Stereoplasma befindet sich bei Anwesenheit von Wasser in einem halbflüssigen Zustande, indem die kleinsten mikroskopisch sichtbaren Massen gegen einander verschiebbar sind; dabei besitzt es entweder aktive Massenbewegung in seinem Innern (Plasmaströmungen), oder es kommt ihm passive Bewegung zu, da es das Bestreben einer Flüssigkeit hat, sich zu Tropfenform zu gestalten. Es lässt uns aber bezüglich der Gestalt, Grösse und Vereinigung der Micelle gänzlich im Ungewissen. Bloss von dem wasserhellen Stereoplasma, das mit Recht Hyaloplasma genannt worden, lässt sich mit ziemlicher Sicherheit annehmen, dass die Micelle in demselben eine gleichmässige Vertheilung besitzen. Das Hyaloplasma bildet immer die äusserste Begrenzung der Plasmamassen als ein meistens sehr dünnes Häutchen, in welchem die Micelle wohl eine bestimmte Orientirung gegen die Oberfläche besitzen, so dass das Häutchen, wenn es dichter und dicker wäre, doppelbrechend erscheinen würde. Die zarte, zur Oberfläche rechtwinklige Streifung desselben, welche in einzelnen Fällen beobachtet wird, darf aber nicht etw als der unmittelbare Ausdruck der Micellanordnung angesehen werden; sie mag damit zusammenhängen, hat aber als nächste Ursache wahrscheinlich eine andere Erscheinung, von der ich nachher sprechen werde.

Das Hyaloplasma stellt nur einen fast verschwindend kleinen Theil des ganzen Stereoplasmas dar, welches im Uebrigen weisslich-trübe erscheint, — ein Beweis, dass die Plasmasubstanz und das Wasser nicht gleichmässig vertheilt sind, sondern in ihrer Zusammenordnung einen Wechsel von dichteren und weniger dichten Stellen bedingen. Es ist als „Körnerplasma" bezeichnet worden, ein Ausdruck, der mir weniger passend dünkt, weil dasselbe, wenn es auch meistens granulirt aussieht, doch oft keine Körnchen enthält, und weil die Körnchen wohl nicht als nothwendiges Merkmal anzusehen sind. Ich würde es daher, im Gegensatz zu Hyaloplasma, lieber Polioplasma nennen, wegen seines graulich-weissen Aussehens.

Wenn ich das Polioplasma richtig auffasse, so entsteht es aus Hyaloplasma, und zwar in vielen, vielleicht in allen Fällen dadurch, dass sehr zahlreiche winzige (mit Wasser gefüllte) Vakuolen in demselben auftreten. Diese Vakuolenbildung und in Folge derselben eine schwammige oder maschenartige Beschaffenheit des Polioplasmas ist in einzelnen Fällen sehr deutlich, und in anderen Fällen beobachtet man von derselben aus bis zu einem fast homogenen weisslichen Aussehen eine allmähliche Abstufung, so dass man an der Identität der Struktur

kaum zweifeln kann. Man begreift auch, dass die maschige Beschaffenheit bei hinreichender Kleinheit der Maschen bloss als Trübung
wahrgenommen wird, bei einer gewissen Grösse der Maschen dagegen granulirt erscheint, indem die Vakuolen als Körnchen gesehen werden können.

Ein neues Moment in der Differenzirung des Stereoplasmas tritt mit
dem Vorkommen wirklicher Körnchen auf. Diese Körnchen können fremd-
artige Substanzen (z. B. winzige Fetttröpfchen) sein; meistens bestehen sie
aus verdichtetem Stereoplasma und sind Plasmakörnchen. Dass die Körnchen in maschigem Polioplasma eingebettet sind, kann zuweilen keinem
Zweifel unterliegen, und die Möglichkeit lässt sich nicht bestreiten, dass
die Grundsubstanz des „Körnerplasmas" immer maschiges Polioplasma ist,
wenn sie auch ausnahmsweise ein fast hyalines Aussehen zeigen mag. Indessen muss ich auch die andere Möglichkeit zugeben, dass Körnchen in
wirklichem Hyaloplasma sich bilden und dasselbe in eine zweite, ihrem
Entstehen nach verschiedene Modifikation von Polioplasma umwandeln.

Die Verschiedenheit zwischen Hyaloplasma und Polioplasma besteht, wenn nicht etwa die chemische Zusammensetzung eine andere
sein sollte, vielleicht bloss in der gleichmässigen und ungleichmässigen
Dichtigkeit, also in der räumlichen Vertheilung von Substanz und Wasser.
Wahrscheinlich kommt aber noch ein fernerer Umstand hinzu, nämlich
eine Ungleichheit in der micellaren Struktur. Das Hyaloplasmahäutchen, welches das Polioplasma umgiebt, hat wohl, wie ich bereits
bemerkt habe, nicht bloss eine gleichmässige, sondern auch eine regelmässige Anordnung der Micelle, ähnlich wie in einer Cellulosemembran.
Von den Micellvereinigungen im Polioplasma dagegen möchte ich annehmen, dass sie überhaupt unregelmässig seien, mit grösseren und
kleineren Zwischenräumen zwischen den Micellen. — Die Abgrenzung
der Plasmakörper gegen das Polioplasma geschieht durch das Hyaloplasma; wenn z. B. der Zellkern in Plasma von gleicher Dichtigkeit
sich befindet, so ist es nur durch eine zarte Kreislinie, welche von
seinem Plasmahäutchen herrührt, sichtbar.

Das Hyaloplasma ist, wie die Cellulosemembran, für Micellarlösungen
unter besonderen Bedingungen durchgangbar. Dies zeigen uns die
Hefenzellen, welche Eiweiss sowohl in alkalischer Flüssigkeit als bei
vorhandener Gärthätigkeit in neutraler und schwachsaurer Flüssigkeit
heraustreten lassen, wobei dasselbe das Hyaloplasmahäutchen passiren
muss. Im Uebrigen scheint letzteres der Diosmose micellarer Lösungen
grössere Hindernisse zu bereiten als die Cellulosemembran, wie die

Thatsache beweist, dass gewisse Farbstoffe mit Leichtigkeit durch die
lebende Cellulosemembran, aber durchaus nicht durch das lebende
Plasmahäutchen diosmiren. Ich möchte aus diesem Verhalten gegen
verschiedene Lösungen den Schluss ziehen, dass das Hyaloplasma,
wenigstens soweit dasselbe als begrenzendes Häutchen auftritt, wie die
Schichten der Cellulosemembran und der Stärkekörner, aus einem
regelmässigen Gefüge von Micellen besteht, deren Zwischenräume im
Allgemeinen für Micelle unwegsam sind, dass aber in dieser gleichmässigen Zusammenordnung kanalartige Erweiterungen vorkommen,
welche senkrecht gegen die Oberfläche verlaufen und die durchschnittlich enger sind als diejenigen der Cellulosemembran, vielleicht
auch im Gegensatz zu diesen sich je nach den massgebenden Einflüssen
verengern und erweitern können. Von diesen Kanälchen würde die
zuweilen sichtbar werdende Streifung herrühren.

Dass das Wasser, welches das Polioplasma durchdringt, Albuminat-
micelle in Lösung enthalte, ist wenigstens für die Vakuolen und die
gröblichen Zwischenräume überhaupt nicht zu bezweifeln; denn wenn
in einer entstehenden Vakuole nicht schon ursprünglich gelöste Micelle
enthalten sind, so werden sich dieselben bald aus den darin befindlichen Peptonen bilden. Hat die Substanz des Polioplasmas einen
analogen Bau wie das Hyaloplasma, so kann es selber, abgesehen von
besonderen kanalartigen Erweiterungen, nicht von einer Micellarlösung
durchdrungen sein. Besteht es aber, wie ich vermuthe, aus unregelmässigen, mehr ketten- und netzartigen Micellverbänden, so ist es
auch überall für die Aufnahme und den Durchgang von Micellarlösungen
geeignet. Von dem Bau des Polioplasmas muss es beispielsweise abhängen, ob in die pulsirenden Vakuolen eine Molekularlösung oder eine
Micellarlösung ausgeschieden wird, womit sich die andere Alternative
verbindet, ob dabei ein grösserer oder geringerer Filtrationswiderstand
zu überwinden ist. Es würde eine Molekularlösung in die Vakuolen
austreten und dabei ein grösserer Widerstand zu überwinden sein,
wenn das Polioplasma ähnlich dem Hyaloplasma aus einem gleichmässigen Micellgefüge bestände, oder wenn die Vakuolen mit einem
Hyaloplasmahäutchen von solcher Beschaffenheit ausgekleidet wären,
was beides indess nicht sehr wahrscheinlich ist. Für diese und manche
andere ähnliche Frage mangelt es übrigens noch durchaus an den nöthigen
Beobachtungsthatsachen, sowie an hinreichend gesicherten Haltpunkten
der Theorie, von denen aus ein bestimmtes Urtheil gestattet wäre.

www.ingramcontent.com/pod-product-compliance
Lightning Source LLC
Chambersburg PA
CBHW031444180326
41458CB00002B/637